中式冷菜工艺与实训

主 编 黄 炜 朱云龙 王荣兰

合肥工业大学出版社

图书在版编目(CIP)数据

中式冷菜工艺与实训/黄炜，朱云龙，王荣兰主编.--合肥：合肥工业大学出版社，2024.10.

ISBN 978-7-5650-6800-3

Ⅰ.TS972.114

中国国家版本馆CIP数据核字第2024FE3601号

中式冷菜工艺与实训

黄 炜 朱云龙 王荣兰 主编   责任编辑 毕光跃

出 版	合肥工业大学出版社	版 次	2024年10月第1版
地 址	合肥市屯溪路193号	印 次	2024年10月第1次印刷
邮 编	230009	开 本	889毫米×1194毫米 1/16
电 话	理工图书出版中心：0551-62903204	印 张	11
	营销与储运管理中心：0551-62903198	字 数	273千字
网 址	press.hfut.edu.cn	印 刷	安徽联众印刷有限公司
E-mail	hfutpress@163.com	发 行	全国新华书店

ISBN 978-7-5650-6800-3   定价：58.00元

如果有影响阅读的印装质量问题，请与出版社营销与储运管理中心联系调换。

编 委 会

前　言

五千年的中国历史，饮食文化丰富多彩、源远流长。中国的冷菜制作以历史悠久、技术精湛、风味独特著称于世。冷菜是深受老百姓喜爱的菜品，食用价值高，且方便、美味、健康。多少年来，很多厨师和烹饪工作者都在继承和发展着这门技术，根据季节、原料性质及食客嗜好的不同而采取不同的烹调方法和刀工技法。冷菜制作也被列为烹饪技艺比拼的项目，在保证食用价值的同时，把饮食享受与艺术哲学巧妙地结合在一起，产生一种美的艺术效果。作为中国注册烹饪大师，扬州大学博士生导师朱云龙教授的弟子，本人受老师的影响，多年来一直致力于烹饪工艺的研究、教育、传承和创新。

近年来，我国烹饪技艺的发展突飞猛进，冷菜工艺技术在烹饪中的作用愈发明显，社会上对冷菜工艺技术水平的要求也越来越高。在冷菜工艺技术的发展过程中，无论是在冷菜制作技术上，还是在冷菜的种类和品种或原材料的使用上，以及冷菜拼摆的技艺方面，都得到了丰富和发展，这也为冷菜制作工艺成为独立的学科奠定了坚实的实践和理论基础。

本人从教20多年来，将自己所掌握的烹饪专业理论知识和技能悉心传授给职业教育学子，同时也将教学过程中的心得体会进行总结，先后主编、参编了《中式烹饪实训教程》《烹饪营养与卫生》《食品工艺学》《安徽名菜》《中式面点师》等8本教材，为编写本书奠定了良好的基础。

本人对于中式冷菜制作工艺特别关注，在从事高等职业教育和中等职业教育烹饪专业教学过程中，收集、整理了大量的中式风味冷菜制作的工艺流程、制作过程等文字和视频材料。在研究中式风味冷菜过程中，得到了扬州大学朱云龙教授、黄山学院孙克奎教授、安徽科技学院吴晓伟教授、中国烹饪大师尹亲林等鼓励和指导。我们围绕中式冷菜制作工艺，进行了深度探讨，一致认为高质量中式冷菜制作工艺教材是教学走向科学化的非常重要的一步。在他们的鼓励和指导下，本人萌生了要出版一本比较完善的中式风味冷菜制作工艺方面教材的想法，这样可以将自己多年潜心研究的成果奉献给职业教育，让更多的职业教育学子有所收获。

为深入贯彻落实习近平总书记关于职业教育教材工作的重要指示精神，贯彻党中央、国务院《关于推动现代职业教育高质量发展的意见》，凸显职业教育类型特色，推动职业院校专业核心课程和优势特色专业课程教材建设，我们编写了这本教材。

2022年7月，恰逢安徽省提质培优项目申报，本人将《中式冷菜工艺与实训》教材作为项目申报并获批立项，于是着手编写。2023年，学院召开了烹饪类高等教育教材编写会议，并对编写大纲、编写体系和内容进行了讨论。与此同时，本人应邀参加了由陕西省教育厅立项的《地方风味面点工艺》的编写，通过参编这本教材，对新形态一体化系列教材有了进一步了解，促进了《中式冷菜工艺与实训》教材的编写。经过多年打磨，本书初稿几经修改终成。本书分中式冷菜制作基础知识、果蔬类冷菜制作、豆类及豆制品类冷菜制作、中式冷菜制作工艺知识、禽蛋类冷菜制作、水产品类冷菜制作、家畜类冷菜制作、中式冷菜的发展与传承等8个部分，涵盖了中式冷菜制作工艺的方方面面。在编写期间，本人得到了同行的很多帮助，大家为本书的编写提供了相当珍贵的素材，提出了许多十分中肯的宝贵意见，使本人获益匪浅。在本书的编写过程中，还参阅了大量资料，这些资料使本人深受启发，在此对相关作者表示诚挚的谢意！

《中式冷菜工艺与实训》以课程教学标准为基本依据，以校企合作、德技双修、工学结合为根本途径，致力于培养德、智、体、美、劳全面发展的高素质劳动者和技术型人才。本书以传授我国风味冷菜为载体，融入文化、文创、旅游元素，形成独特的教学体系和知识结构，将纸质教材与数字化资源相融合，将知识与技能相结合。

本书以职业能力培养为核心，从职业岗位能力需求分析入手。其内容设计便于教师根据学生特点选择授课方式，既可按理论阐述—实训练习的顺序授课，也可按实训感知—理论总结的顺序教学，让学生通过图片、课件、短视频等多种途径获得教学信息，最大限度地满足学生多样化的学习需求。

"路漫漫其修远兮，吾将上下而求索。"尽管为此教材本人已倾尽所能，但终因本人的学识水平和烹饪实践水平，以及对教材编写的理解程度和编写水平有限，本书仍然存在一些不足之处，诚盼读者批评指正。

本书的文字与附件3英译部分由安徽工业大学外国语学院陈琳教授及其翻译团队审核。本书在所有编写人员的共同努力下完成，是集体智慧的结晶。

黄　炜

2023年冬

目　　录

项目一　中式冷菜制作基础知识

一、学习目标

（一）知识目标

1.了解冷菜的概念以及特点。

2.掌握冷菜制作的卫生与安全控制的意义及方法。

（二）技能目标

1.辨别冷菜与热菜的区别。

2.掌握冷菜制作过程中的卫生与安全控制方法。

（三）素养目标

1.培养学生对中华餐饮文化的热爱。

2.强化学生增强食品安全意识。

二、项目导学

　　冷菜制作基础知识是餐饮从业人员应该掌握和必备的知识。学习冷菜制作知识对于从事冷菜的生产、销售和管理工作具有重要意义。冷菜制作对环境卫生要求很高，要加强冷菜制作环境的卫生管理，加强食品安全的控制等。

　　本项目学习的知识内容包括：冷菜的基本概念、制作类别、特点；冷菜制作过程中加强卫生管理的方法，食品安全管理制度的要求。

任务一　了解冷菜的相关概念及特点

1. 了解冷菜的定义、冷菜与冷盘的区别。

2. 了解冷菜不同的分类方法、类别和特点。

3. 掌握冷菜的特点。

课件　冷菜的相关概念及特点

任务导学

　　冷菜的概念包括冷菜的定义、冷菜的分类和冷菜的特点等内容。通过对冷菜的概念学习，更好地了解冷菜，为餐饮从业人员进一步学习奠定必要的知识基础。

一、冷菜的定义

　　冷菜是将可食性原料经过加工整理（干货涨发）、刀工成形、初步熟处理、加热（或不加热）、调味、装盘等工序，制成色、香、味、形、质感、营养、意境俱佳的，在常温及常温以下食用的一类菜品。

　　冷菜是与热菜相对或比较而言的，在全国各地称谓不一。南方多称为冷盆、冷盘或冷碟、冷拼等；北方则多称凉菜、凉盘或凉碟等；也有的地区统称为"卤菜"。从实质上讲，它们之间没有本质区别。不管是在北方还是南方，不管称"冷"还是"凉"，它们都有一个共同的特点，就是菜品在食用过程中不处于加热后的"有温度"状态，即常温或低温。在北方，气温通常较低，冷菜在常温下的"凉"能体现其风味特色，以及在一定的时间范围内符合食品安全的要求；在南方，冷菜在常温下的"凉"难以体现其风味特色，以及在一定的时间范围内无法确保符合食品安全的要求，因此，需要使用冰缸、冰袋、冰箱等，刻意地将菜品置于温度较低的环境中冷藏。

　　冷菜制作过程主要分为两个部分：一是将可食用原料加工成常温下可以食用的菜品；二是将菜品进行切配装盘。冷菜装盘时一般是有序地或有艺术地分装，呈现出精致感，所以"冷菜"相对于"热菜"似乎更加讲究一些，更加突出制作和拼摆工艺，故而"冷菜"有时也称为"冷盘"。

　　但是，严格地讲，"冷菜"与"冷盘"是有差异的。"冷菜"更侧重于菜品的物理感观——温度，对制作工艺和拼摆的工艺成分并不强调，所以更具有生活性，是老百姓日常生活中喜爱的菜品；而"冷盘"在着重强调菜品的物理感观——温度的同时，更加突出了菜品制作和拼摆的工艺成分，这从"盘"字中可见一斑，所以更具有艺术性，是烹饪技能比赛中所列的项目。这也是"冷菜"与"热菜"最主要的区别之一。我国各地历届烹饪比赛所列项目中有"冷盘"比赛项目，却很少有"冷菜"项目，从这一点可以明显地看出它们的区别所在。不过，冷盘一定是以冷菜为基础的，只是比冷菜刀工更加精细、色泽更加艳丽、口味更加丰富、菜形更加艺术、盘碟更加精致，整体更加有意境，既有益健康，又赏心悦目。

　　中国的冷菜制作以历史悠久、技术精湛、风味独特著称于世。多少年来，很多厨师和烹饪工作者都在继承和发展着这门技术，根据季节、原料性质及食客嗜好的不同而采取不同的烹调方法和刀工技法。冷菜是深受老百姓喜爱的菜品，营养价值高，且方便、美味、健康。同时，冷盘制作也被列为烹饪技艺比拼的项目，在保证食用价值的同时，把饮食享受与艺术哲学巧妙地结合在一起，产生一种美的艺术效果。

二、冷菜的类别

根据冷菜的制作工艺及食品性质、制作方法、口味、装盘类型、装盘样式、构图形式、应用的不同，还可以对冷菜的类别从不同角度来划分。

1. 按照冷菜制作工艺的不同划分

通常把冷菜制作的类型分为两种：

一种是热制冷食型冷菜。这是制作冷菜的主要方法。这类冷菜的原料需要经过加热工序，同时也可辅以切配和调味，制成菜品以后进行散热冷却，待冷却后再装盘食用。冷菜中的绝大部分菜品都是采用这一方法制作而成的，如五香牛肉、盐水鸭、红油鱼片、油爆大虾、冻羊羔、椒麻鸡丝等。

另一种是冷制冷食型冷菜。这类冷菜在制作时所选用的原料不需要经过加热工序，而是将原料经过初步加工整理和消毒，加以切配和调味后直接食用。这种方法在冷菜制作中也经常使用，主要用于一些新鲜的植物性原料，如拌黄瓜、姜汁莴笋、酸辣白菜等；也适用于一些鲜活的动物性烹饪原料的加工，如腐乳炝虾、醉蟹等。

这两种冷菜类型既可以单独使用，也可混合使用。烹饪工作者可以根据顾客的喜好、原料的性质、菜品制作工艺等因素灵活运用。

2. 按照食品的性质划分

分为冷荤、冷素。

3. 按照制作方法划分

分为酱、卤、醉、拌、炮、糟、熏、挂霜、煮、浸、泡等。

4. 按照口味划分

分为咸鲜、糖醋、麻辣、水果味、糟香味等。

5. 按照装盘类型划分

分为单拼、双拼、三拼、六拼、什锦拼、艺术拼盘（花式拼盘）等。

6. 按照装盘样式划分

分为馒头型、四方形、高山型、小桥流水型、自然堆落型等。

7. 按照冷菜的应用划分

分为主盘、围碟或食用盘、看盘。

8. 按照冷菜的构图形式划分

分为建筑类、花卉类、动物类、人物类、器皿类等。

三、冷菜的特点

冷菜作为完全独立并颇具特色的一种菜品类型，归纳起来，具有以下性质与特点：

1. 滋味稳定、容易保存

冷菜是在常温下食用的一种菜品，因而其风味特色不像热菜那样容易受温度的影响，它能承受相对较低的冷却温度。从这一点而言，在一定的时间范围内，冷菜能较长时间地保持其风味特色。这一性质与特点，恰恰符合了中国传统宴饮缓慢节奏的要求，同时，也正因如此，冷菜材料可以提前准备并相对大量地制作。

2. 干香汁少、容易造型

中式冷菜大多干爽少汁，因此，比热菜更便于造型，更富有美化装饰效果，尤其利于刀工和拼摆技艺的展现。当两种或更多品种的中式冷菜拼合于一盘时，不会受其卤汁相互浸沾而"串味"的制约，也不会因色彩、口味、质感或营养等方面的需要而无法选择和使用。

3. 便于携带、食用方便

由于冷菜能在一定的时间范围内保持其风味特色，并且干爽少汁，因而，冷菜很便于携带，这为异地想品尝当地正宗特色中式冷菜的老饕们提供了极大的便利。因此，冷菜也就经常作为本地土特产用来馈赠异地亲朋好友。另外，冷菜又是在常温下食用的菜品，在食用过程中无须再进行加热等烦琐的工序，这又为人们在野外或旅行途中的饮食提供了很大的可能性与便捷性，所以，中式冷菜也经常作为郊外野炊、旅行途中、周末度假、踏青观光的佐酒佳肴，这无疑为丰富人们的生活和提高人们的幸福指数提供了技术支撑，当然，也为当地的经济发展起到了积极的推动作用。

4. 配菜具有多样性与统一性

冷菜起菜时，一般是多样风味的菜品同时上桌，与热菜相比更具有配菜的多样性与统一性。一组冷菜是一个整体，相互配合更为紧密和明显，也正由于冷菜的这一性质与特点，对宴席冷菜的组配无论是在原料的选择、香气的组配上，还是在口感、口味的调配上，抑或是在造型、色彩的搭配上，都要注意其食用性、观赏性和协调性。

5. 卫生严格，控制最佳温度

中式冷菜经切配、拼摆装盘后，即可供客人直接食用。从食品安全管控的角度来看，冷菜比热菜更容易被交叉污染，制作过程中的食品安全危害点与食用者的食用时段更接近，这意味我们在冷菜的制作过程中食品安全的管控要更加严格，尤其是需要更为严格的卫生环境、设备与食品安全规范化操作。冷菜一般是在常温或低温下食用，通常是0~10℃，而热菜一般是在高温下装盘，通常在60℃以上。科学家研究表明，当温度在10℃左右时，冷菜最能全面地体现其风味特色，由此可见，冷菜的最佳食用温度是10℃左右，这也是冷菜间需要配置空调的缘由之一。

知识和能力拓展

一、冷盘与冷菜的区别

冷菜与冷盘是两个既有区别又有联系的概念。前者主要研究中式冷菜的制作，后者除研究中式冷菜的制作，还研究冷菜的拼摆工艺与装盘艺术。在我国，冷盘经过数千年的形成与发展，已具有与西餐相区别的独特的工艺特点和审美需求，有着独特而丰富的中国传统烹饪文化内涵。冷盘制作比冷菜制作更加精美、要求更高，是职业技能竞赛中规定项目，更适用于高档宴席、冷餐会。

冷盘，就是将经过初步加工的烹饪原料调制成在常温下可直接食用，并加以艺术拼摆以达到特有美食效果的冷食菜品。为了达到这一特有的美食效果，在冷菜的制作过程中，常采用两种基本方法，一是"热制冷食"，即冷菜原料需要经过加热工序，再辅以恰当的切配和调味（有的是先切配后调味，有时是先调味后切配），并散热冷却。二是"冷制冷食"，既冷菜原料不需要经过加热这一工艺程序，而是将原料经过初步加工整理后，加以切配和调味后直接食用。

二、花色冷盘技法

把食材制作成各种冷盘，是给人一种美的享受。好的冷盘要有好的命题，然后挑选各种食材，利用其本色，来制作各种造型生动、形态各异的花色拼盘，诱人食欲。

1. 选料

从食材的色泽、形状、口味、营养价值、外观完美度等多方面进行选择。选择的几种食材组合在一起，搭配应协调。

2. 构思

制作花色拼盘以色彩和美观取胜，制作前应充分考虑到主题，并为其命名。

3. 色彩搭配

颜色的搭配一般有"对比色"搭配、"相近色"搭配及"多色"搭配三种。红配绿、黑配白便是标准的对比色搭配；红、黄、橙可算是相近色搭配；红、绿、紫、黑、白可算是丰富的多色搭配。

4. 艺术造型与器皿选择

根据选定食材的色彩和形状来进一步确定其整盘的造型。如长形的食材造型便不能选择圆盘来盛放。另外还要考虑到盘边的花边装饰，也应符合整体美并能衬托主体造型。

5. 刀功

注意刀工方面应以简单易做、方便出品为原则。冷盘常用的刀法有以下几种。

（1）打皮：用小刀削去原料的外表皮，一般是指不能食用的部分。大部分蔬果洗净后皮可食用的就不用削皮。有些蔬果去皮后暴露在空气中，会迅速发生色泽变褐或变红的现象，因此，去皮后应迅速浸入柠檬水中护色。

（2）横刀：按刀口与原料生长的自然纹路相垂直的方向施刀。

（3）纵刀：按刀口与原料生长的自然纹路相同的方向施刀。

（4）斜刀：按刀口与原料生长的自然纹路成一夹角的方向施刀。

（5）剥：用刀将不能食用的部分剥开，如柑、橘等。

（6）锯齿刀：用切刀在原料上每直刀一刀，接着就斜刀一刀，两对刀口的方向成一夹角，刀口成对相交，使刀口相交处的部分脱离而呈锯齿形。

（7）勺挖：用西瓜勺挖成球形状。多用于瓜类。

（8）挖：用刀挖去不宜食用的部分，如果核仁等。

注意事项：

（1）无论采用何种方法，食材的厚薄、大小以被直接食用为宜。

（2）加工出成品的原料应明显可辨。

6. 出品

要保证拼盘的整洁卫生，同时配置相应的实用工具及适量餐巾纸，把盘中的手指印及菜汁擦干净。

任务二　掌握冷菜的卫生与安全控制

1. 了解冷菜间卫生与安全制度和标准。

2. 了解冷菜间环境的卫生要求。

3. 理解制作冷菜工具及设备的卫生控制。

4. 掌握冷菜制作过程中的卫生与安全要求。

5. 掌握冷菜操作人员个人的卫生要求。

6. 理解冷菜原料的卫生与食品安全控制。

课件　冷菜的卫生与安全控制

任务导学

冷菜的卫生与安全控制，是保障食品安全卫生的重要环节，包括冷菜间环境、冷菜工具及设备、冷菜制作过程、冷菜操作人员及冷菜原料等的卫生管理与控制。了解和掌握每一个环节的卫生要求，做到卫生与安全控制，才能保障食品安全卫生。

早在春秋时代，著名教育家孔子就很重视食品卫生与安全的教育，并提出"鱼馁而肉败不食""失饪不食"，意即禁止食用腐败变质的鱼、肉类以及半生不熟、未经彻底灭菌的食物；其"割不正不食"的理论，现代很多学者仅仅把它理解为孔子很讲究菜品的造型，对菜品制作过程中的刀工要求很高，其实不然，孔子的"割不正不食"，实际上更多地包含食品安全的成分与内涵，因为不新鲜的食材（无论是动物性食材还是植物性原料）是无法按要求割成形的。可见，食材新鲜度的重要性。同时，孔子也很重视容器盛具的卫生，并提出"食不共器"，当然，这除了食品安全的元素外，还隐含着食品风味的问题。

清代顾仲在《养小录》中提出"饮食之道，关于性命，治之之要，唯洁唯宜"，这是对食品安全与人类健康关系的高度概括；清代袁枚的《随园食单》专设"洁净须知"一节，论述了厨房清洁卫生制度，并提出"闻菜有抹布气者，由其布之不洁也；闻菜有砧板气者，由其板之不净也。""良厨先多磨刀，多换布，多刮板，多洗手，然后治菜；至于口吸之烟灰，头上之汗汁，灶上之蝇蚁，锅上之煤烟，一沾入菜中，虽绝好烹庖，如西子蒙不洁，人皆掩鼻而过之矣。"可见我们的祖先对餐饮食品安全管理的认识和要求早已比较全面而具体了，生活在当今时代的我们，对食品的卫生与安全概念的理解和要求，应该更主动、更深刻、更全面和更具体。

我们知道，中式冷菜和热菜在制作工艺程序上最大的差别就是：热菜一般是先切配后烹制调味，而中式冷菜一般则是先烹制调味后切配装盘。也就是说，中式冷菜原料经过刀工处理和拼摆装盘后直接供客人食用，加之中式冷菜原料在经刀工处理和拼摆过程中，因周围环境的影响以及其自身的氧化等因素而极易被污染或腐败变质，一旦疏忽，就会带来某些传染疾病，甚至引起食物中毒等现象，其后果的严重性是可想而知的。故而，中式冷菜的制作需要更加严格的操作卫生与食品安全控制，更需要符合餐饮行业食品安全的规范化操作。

一、制定严格的冷菜间卫生制度

制定严格的冷菜间卫生与安全制度和标准，并以此要求检查、督导员工执行，可以强化冷菜生产过程中卫生与安全管理的意识，起到防患于未然的效果。

（1）冷菜间的生产、成品保藏必须做到专人、专室、专工具、专消毒、单独冷藏。

（2）操作人员严格执行洗手消毒规定，洗涤后用70%浓度的酒精（或免洗消毒液）消毒；操作中接触生原料后，在切制冷菜或接触与成品相关的器皿、工具之前必须再次消毒；使用卫生间后必须再次洗手、消毒。

（3）中式冷菜装盘出品，员工必须戴口罩操作，不得在冷菜间内吸烟、吐痰。

（4）中式冷菜制作、保藏要做到生熟分开，生熟工具（刀、砧板、盆、秤、盘、冰箱等）严禁混用，避免交叉污染。

（5）中式冷菜专用刀具、砧板、抹布用前要消毒，用后要清洗。

（6）盛装中式冷菜的盛器必须专用，并要做到用前要消毒，用后要清洗。

（7）可以生吃的中式冷菜（水果以及部分蔬菜等），必须洗干净后才可进入冷菜间。

（8）冷菜间生产操作前必须开启紫外线消毒灯30分钟进行消毒杀菌。

（9）中式冷菜冷荤熟肉在低温处存放超过24小时必须回锅加热。

（10）中式冷菜是留样食品应按品种分别盛放于清洗消毒后的密闭专用容器内，并在冷藏条件下存放48小时以上，每个品种留样量不少于100克。

（11）中式冷菜的储存冰箱有专人管理，始终保持清洁卫生，放入冰箱内的物品必须加盖或用保鲜膜包好，并定期对冰箱进行洗刷消毒。

（12）非本岗位工作人员不得进入冷菜间。

二、冷菜间环境的卫生要求

由于中式冷菜在制作工艺程序上有它的特殊性，因而在饮食行业中往往被列为一个相对独立的部门，谓之"熟食间""冷盘间"或"冷碟房"。这种专门从事冷盘制作的场所应具备无蝇、无鼠、无蟑螂、四壁光亮、窗明几净、无油腻污垢、无灰尘等相对隔绝的条件，以防止冷盘菜品受到污染；冷菜间还应具有换气通风设备及恒温设施，以保持环境空气新鲜及控制操作人员的体液排泄，创造无菌操作的工作环境，环境温度一般控制在10～20℃为宜，这样可以防止操作者的汗液通过手而污染中式冷菜，并在一定程度上控制中式冷菜的臭氧程度。同时，也是控制中式冷菜腐败变质的重要措施。

三、制作冷菜工具及设备的卫生控制

1. 冷菜加工工具的卫生控制

在中式冷菜的制作过程中，离不开与中式冷菜原料直接接触的加工工具，如各种刀具、用具（包括夹子、镊子和模具等）、砧板和各类盛器等，这些工具始终都在与中式冷菜原料直接接触。因此，这些工具应该是专门使用，不受其他部门的干扰，并在使用前必须经过严格的杀菌消毒措施（如高温消毒或消毒液清洗等）。而且还要做到生、熟分开加工（即烹饪行业所谓的"双刀双板"），以确保加工冷盘材料的刀具、砧板等绝不加工生料，以防止生料的血渍、黏液或生水等通过工具对中式冷菜造成污染。

2. 冷菜间设备的卫生控制

冷菜间常用的设备就是存放中式冷菜原料和中式冷菜成品的冰箱、冰柜、货橱以及摆放中式冷菜原料或中式冷菜菜品的操作台、货架等。冰箱或冰柜内的温度应控制在5～10℃为最适宜，这一温度范围既不会影响所存放中式冷菜的风味特色，同时也能有效地抑制微生物的生长繁殖。冰箱或冰柜要每天清理，并定期彻底清洗（每周一次），始终保持其清洁卫生。冰箱或冰柜内所存放的中式冷菜原料或中式冷菜菜品需要加盖或用保鲜膜分别密封，以防止各种材料互相"串味"。无论是操作台、货橱或货架，都应该是用不锈钢材质制作，这主要为了达到既防止因环境潮湿生锈而污染冷盘菜品，便于清除油腻污物，彻底铲除微生物生长繁殖"根基"的目的。这些设备每天都要清洗、消毒，以保持其整洁卫生。

四、冷菜制作过程中的卫生与安全要求

中式冷菜制作过程中的卫生与安全要求，归纳起来有以下几个方面：

1. 洗手消毒

在中式冷菜的制作过程中，手与中式冷菜原料和中式冷菜成品的直接接触是难免的，因此，冷菜间的操作人员在进入冷菜间加工操作之前对手的清洗、消毒就显得尤为重要，切不可忽视。一般可用3％的高锰酸钾溶液或其他消毒液浸洗，也可用70％的酒精擦洗，确保操作人员的手的清洁卫生。

2. 穿工作服、戴工作帽和口罩

冷菜间的工作人员在进冷菜间操作之前必须穿工作服、工作鞋，戴工作帽和口罩，并严禁他人随便出入冷菜间，以免冷盘菜品或工作环境受到污染。

3. 冷菜制作的时间与速度的要求

冷菜间的工作人员对中式冷菜制作工艺技术应该娴熟、迅速，做到快速而准确，要尽量缩短中式冷菜的切配和成形的时间。因为冷盘的拼摆时间愈长，菜品遭受污染的可能性就愈大。一般而言，小型单碟冷盘宜在数分钟内完成，即使是相对较为复杂的大型"花式冷盘"，亦要求在30分钟之内完成。

4. 冷菜的保鲜要求

所有的中式冷菜成形后，均应立即加盖（有的冷盘餐具带盖）或用保鲜膜密封放置，直至就餐者就座后由服务生揭去保鲜膜（或盖）供就餐者食用。这样既可以防止中式冷菜受到污染，同时也可以保持中式冷菜应有的水分，以免中式冷菜在放置过程中失水而变形、变色，影响菜品应有的风味特色。

5. 冷菜隔日使用的卫生要求

在餐饮行业中，中式冷菜的制作往往是相对批量生产的，尤其是选用动物性烹饪原料和制作工艺比较烦琐或制作过程相对费时的中式冷菜，如"腐乳叉烧肉""五香酱牛肉""盐水鸭""盐水鹅""水晶肴蹄"等，其制作生产的量不可能与当日的消费量完全吻合。在实际工作中，这些冷菜制作的量往往都是在预计量的基础上略有放大，因而，这些中式冷菜在当日营业结束后有一定的剩余量是完全正常的，当然，这些中式冷菜在第二天继续使用也是合情合理的。但是，对于这些剩余中式冷菜的使用是有条件的，前提是绝对卫生和安全，绝不是在没有适当地保存和重新回锅加热的情况下使用。当日所剩余的中式冷菜，当天一定要重新回锅加热，待冷却后加以冷藏保存，并在次日使用前再次入锅重新烹制，以免中式冷菜受污染而变质。另外，夏季烹饪的中式冷菜，每隔4小时就应该再回锅加热一次。这样才能确保中式冷菜的清洁、卫生与安全。

当然，我们在中式冷菜的制作过程中，应根据店内的经营状况掌握烹制中式冷菜的数量，使其与当日的销售量能基本相符，尽量使当日制作的中式冷菜少剩余或不剩余。这样既能最大限度地保持中式冷菜应有的风味特色，又确保了每天的中式冷菜新鲜、卫生与安全。

6. 冷盘点缀中的卫生与食品安全要求

在中式冷菜制作工艺中，点缀是一种非常常用的装饰方式。通过点缀能使冷盘菜品在色、形等方面更加和谐与完整，点缀物品一般并不具有食用的直接意义。然而，从卫生与食品安全的角度而言，点缀的卫生与安全程度与冷盘菜品的质量有着密切的关联，因此，同样不可大意。在冷盘的制作过程中，我们常选用一些小型的瓜果或蔬菜原料进行点缀装饰，虽然这些点缀物品并不是冷盘菜肴中供食用的主体，但它们毕竟也是整个冷盘菜品的组成部分，并且与冷盘菜肴中供食用的主体部分同放在一个盘子之中，因而，我们在使用前必须将其清洗干净并消毒后方可使用。严禁使用不可生食的瓜果或蔬菜原料（如土豆、南瓜、茄子、四季豆等）和容易对人体造成伤害的物料（如铁丝、竹篾、牙签等）进行点缀，更不可以使用对人体健康有影响的添加剂和化学胶水等，以免造成对中式冷菜的污染和对人体的伤害。

五、冷菜操作人员个人的卫生要求

冷菜间的操作人员，要切实注意个人卫生。要勤洗澡、理发，勤换衣服，勤剪指甲等，操作人员严禁佩戴金银等首饰（尤其是手指上）直接操作；另外，冷菜间的操作人员还需定期进行身体检查，严格做到持证（健康证）上岗。一旦发现患有传染病者，应立即调离，并将冷菜间进行彻底的消毒处理，待其痊愈后方可调回。

六、冷菜原料的卫生与食品安全控制

制作中式冷菜的原料选择与使用要特别严谨，因为它对中式冷菜的卫生质量与食品安全保障有着举足轻重的作用。据有关资料统计，食物中毒事件中，绝大多数都是由于中式冷菜原料品质质量不符合卫生及食品安全要求而引起的，对于腐败、变质、发霉或虫蛀以及有异味的原料要杜绝使用，把好原料卫生与食品安全这一关。对于一些瓜果蔬菜原料，应选用"绿色蔬菜"，严禁使用农药残留量超标的原料。只有这样，我们才能使中式冷菜的卫生与食品安全从根本上得到保障。

知识和能力拓展

一、日本厚生劳动省对厨房操作人员的洗手程序要求

①在手上擦肥皂，充分起泡，用刷子仔细刷洗；②用流动水充分冲洗手上的肥皂泡；③把消毒肥皂原液（又叫药皂、逆性肥皂）滴在手中数滴，双手涂擦、十个手指交叉搓动，进行消毒；④最后用一次性餐巾或新毛巾擦手，或用暖风吹干。

二、美国《饮食业服务卫生规范》对抹布使用的规定

（1）用于擦拭餐具（如供客人使用的碗、盘、碟等）的抹布，必须是清洁的、干的，禁止挪作他用。

（2）用于擦拭炊事用具、厨房设备以及与食品接触的抹布或海绵必须干净，而且经常用消毒液漂洗，并禁止挪作他用，不用时应保存在消毒液中。

（3）用于擦拭不与食品直接接触（餐桌、柜台、餐具柜等）的抹布或海绵应当是清洁的，并加以漂洗，不许挪作他用，不用时应保存在消毒液中。

项目小结

本项目介绍了中式冷菜的概念，即将可食性原料经过加工整理（干货涨发）、刀工成形、初步熟处理、加热（或不加热）、调味、装盘等工序，制成色、香、味、形、质感、营养、意境俱佳的，在常温及常温以下食用的一类菜品。根据冷菜的制作工艺及食品性质、制作方法、口味、装盘类型、装盘样式、构图形式、应用的不同，可将其划分成不同类别。冷菜作为完全独立并颇具特色的一种菜品类型，具有滋味稳定、容易造型、食用方便、配菜具有多样性与统一性等特点。中式冷菜的制作需要更加严格的操作卫生与食品安全控制，更需要符合餐饮行业食品安全的规范化操作。

思考与练习

1.简述冷菜的基本概念。

2.冷菜与冷盘的主要区别体现在哪些地方？

3.分辨下列冷菜属于"热制冷食"还是"冷制冷食"？

五香熏鱼　酱牛肉　卤猪手　酱汁茭白　水晶肴蹄　酸辣白菜　红油鱼片

蒜茸黄瓜　油爆大虾　冻羊羔　醋汁莴苣　葱椒鸡丝　盐水鸭　三鲜鱼糕

腐乳炝虾　醉蟹　生炝鱼片　葱油海带　色拉时蔬　糖醋萝卜　果味荷藕

麻酱鲍丝　芝麻菜松

3.中式冷菜制作过程中如何加强卫生和安全控制？

项目二　果蔬类冷菜制作

一、学习目标

（一）知识目标

1.掌握果蔬类的质量控制、原料选择。

2.熟练掌握不同原料加工的刀工成形技巧及手法运用。

3.把控好不同菜品的制作时间及火候油温。

（二）技能目标

1.掌握果蔬类原料制作冷菜的加工工艺。

2.掌握果蔬类冷菜制作过程中技法的运用。

（三）素养目标

1.激发学生热爱中华优秀文化并树立传承中华饮食技艺的责任感。

2.培养学生对烹饪的美学意识。

3.能够灵活地选择当地应季食材，做到物尽其用，不浪费材料。

4.严格按照制品的制作标准操作，培养团队合作意识。

5.树立食品安全意识。

二、项目导学

通过讲授、演示、实训，使学生了解和熟悉果蔬类原料的历史渊源，掌握不同果蔬类原料的制作工艺和制作要领，掌握8种果蔬类冷菜制作的技法。在教学过程中，促进学生对中华饮食文化和技艺的传承，为创新发展奠定基础。同时，培养学生强化团队合作、资源节约、食品安全等意识。

任务一　葱油莴笋制作

学习目标

1. 葱油的制作及调制要领。

2. 正确使用凉菜制作工具及设备并运用各种刀工刀法。

3. 根据任务完成备料及制作并树立爱岗敬业精神和团队合作意识。

课件　葱油莴笋制作

任务导学

莴笋，别称柳叶莴苣、莴菜、千金菜等；性凉，味甘微苦。依特征特性可划分为尖叶莴笋、挂丝红莴笋、圆叶莴笋、青皮莴笋等。葱油莴笋的做法有生拌、焯水后拌、盐腌制拌等。因为莴笋本身带有一点生涩味，即使是切成细丝食用，生涩味也难以完全去除，所以在做这款葱油莴笋丝时，莴笋丝还是需要焯水，但焯水时间不能过长，这样既可以将莴笋带有的生涩味去除，又可以保存莴笋的爽脆口感。另外，冰镇或冷藏均可，吃起来特别爽脆。

葱油莴笋的传说故事

葱油莴笋是一道以葱油作为增香调料烹制的菜品，具有鲜美的味道和口感。关于葱油莴笋还有一段美丽的传说。相传，在古代中国南方的一个小村庄里，有一位农夫勤劳善良，一直以来都与其他村民和睦相处。

一年春天，村内流传着一种传说。在村庄的深山之中，有一株奇特的莴苣。这株莴苣生长在一块特殊的土壤上，长势旺盛，翠绿欲滴。村民们都对这株莴苣非常感兴趣，希望能品尝到它的美味，纷纷前去寻找这株奇特的莴苣，但无一人能够找到它的踪迹。于是，村民们开始推测，这株莴苣可能并不存在，只是一个传说而已。

然而，农夫却对这株莴苣深信不疑，他认为这株莴苣是真实存在的，只要用心去寻找，就一定能够找到，从此他每天都到山上寻找莴苣。经过几个星期的努力，他终于在一个深山的岩洞中找到了这株莴苣。农夫将莴苣带回村庄，决定与其他村民分享美味，于是他将莴苣切成薄片，用葱油煸炒，调入适量的盐，炒制出一道美味的葱油莴笋。这道葱油莴笋菜品，受到村民们的一致好评，大家纷纷赞美农夫的勤劳和聪明才智，认为他是个善良而有智慧的人。从此以后，葱油莴笋成为这个小村庄的特色菜品，也成了人们传颂的佳话。这道菜品不仅美味可口，更包含勤劳和智慧的力量。

这个故事告诉我们，只要我们有信心和毅力，就能够发现和创造美好的事物。同时，它也表达了人们对勤劳和智慧的崇敬和赞美。

一、操作过程

（一）操作准备

1. 原料、调料准备

莴笋250克、小葱10克、盐5克、味精1克、白糖1克、熟菜籽油25克。

2. 用具准备

砧板、菜刀、灶台、炒锅。

3. 工艺流程

刀工处理→熬制葱油→焯水→过凉→调味→拌制→装盘。

4. 操作步骤

视频 葱油莴笋制作

步骤1 初加工

步骤图	序号/图注/要领	步骤图	序号/图注/要领
	准备材料：莴笋250克，小葱20克 莴笋去叶刨皮，小葱去根，清洗干净 ①		莴笋改刀成长约8厘米、粗细约0.2厘米的细丝 要求刀工处理得当，粗细要均匀 ②

步骤2 葱油制作

步骤图	序号/图注/要领	步骤图	序号/图注/要领
	小葱改刀切成段 长短均匀 ①		锅中加入菜籽油，加热到约120°下入小葱段，小火熬制到小葱至金黄色，过滤冷却备用 控制油温、避免小葱炸煳产生苦味 ②

步骤3 拌制前加工

步骤图	序号/图注/要领	步骤图	序号/图注/要领
	将已改刀的莴笋丝，入开水锅中焯水捞起 控制好水温，焯水时间不宜过长，断生即可 ①		捞起的莴笋丝迅速放入冰水过凉 用冰水过凉可以保持色泽碧绿 ②

步骤4　拌制装盘

序号	步骤图	图注	步骤要领
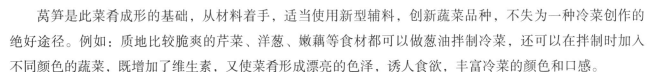	拌制：在已加工过的莴笋丝中，加盐5克、味精1克、白糖1克，淋入葱油拌匀即可 拌制过程中，动作要轻，拌制时要均匀 ①		装盘：这是冷菜制作最后一道工序，因此，这道工序不仅要把好卫生关，而且还要掌握装盘的最基本方法 冷菜装盘，要求富有新意、赏心悦目、立体感强 ②

二、质量控制

（一）成品特点

清脆爽口、葱香味浓；色泽碧绿、咸鲜适口。

（二）质量问题分析

1. 控制好莴笋的焯水温度和时间。

2. 莴笋断生要适中，保持莴笋爽脆的口感。

3. 熬制葱油时防止底部焦苦。

三、知识拓展

图2－1　葱油莴笋

（一）原料

莴笋是此菜肴成形的基础，从材料着手，适当使用新型辅料，创新蔬菜品种，不失为一种冷菜创作的绝好途径。例如：质地比较脆爽的芹菜、洋葱、嫩藕等食材都可以做葱油拌制冷菜，还可以在拌制时加入不同颜色的蔬菜，既增加了维生素，又使菜肴形成漂亮的色泽，诱人食欲，丰富冷菜的颜色和口感。

（二）技法

葱油莴笋使用的是将所有调味料加入处理好的食材中进行"拌"的一种烹饪技法。随着餐饮业的快速发展，人们对饮食的要求越来越高，要美观、美味、营养健康，还要方便快捷。此外，还可将所有调味料调成味汁，用"炝"的烹饪方法制作这道菜品，既可以提高出菜速度，又可以保证菜品色泽不会因为提前入味而改变。

（三）形态

根据刀工要求，菜肴装盘形式有很大的区别，即使同一品种用不同的手法和模具也会使造型千变万化，具体的形态主要有圆柱形、正方形、三角形等。

形态的创新要求简洁自然、形象生动，可运用添加法、几何法等手法，创造出形象生动的作品，使制作过程简便迅速。

掌握以上知识与技能的学习，并找出创新点，可创造出新的产品。同时也要做到传承不守旧，创新不忘本；对新产品要反复论证，共同研讨，不断修正，高质量地完成产品的创新拓展，以满足不断发展的社会需求。

四、师傅点拨

莴笋作为果蔬类原料，本身富含叶绿素，但叶绿素惧怕高温，高温会使其遭到破坏，大量流失，所以我们在制作此类菜肴时，焯水时间不宜过长，焯水过后注意及时过冰水，这样不仅能最大程度地保证其色泽的自然，更能够增加其脆爽的口感。

五、思考与练习

1.莴笋有哪些营养成分？对人体健康有哪些益处？

2.通过上课及扫码观看视频，独立完成葱油莴笋的制作，与家人分享并形成实训报告。

任务二 怪味腰果制作

1.掌握挂霜工艺的制作要领和挂霜腰果的制作方法、技巧。

2.培养学生的动手能力和创新思维。

3.了解挂霜腰果的起源、制作工艺和文化背景。

课件 怪味腰果制作

任务导学

腰果，别名鸡腰果，因其坚果呈肾形而得名。腰果可生食或制果汁、果酱、蜜饯、罐头和酿酒，味如花生米，可甜制或咸制，亦可加工糕点或糖果，含油量较高，为上等食用油原料，多用于硬化巧克力糖的原料。怪味腰果是在挂霜腰果的基础上加入辣椒粉、花椒粉、咖喱粉，使其味型更加丰富。

腰果的传说故事

传说百果园里，众果实为推选一种宽宏仁爱的果实为大家照看孩子，争论不休。先要选西瓜，说西瓜个大，西瓜说，她自己的孩子已经够多了，哪有工夫管别人的孩子；又推给了木瓜，说木瓜肚子大，装得多，木瓜也不答应，说她家的孩子比西瓜还多。推来推去，最后推到了腰果这里，说腰果只有一个孩子，好办。腰果老实厚道，就答应了。一天，腰果把各家的孩子都送回家后，去招呼自己的孩子。刚进家门，身子还有一半露在外头，就被雷劈了，卡在那儿进不去了，致使我们今天看到的腰果的果实，一半藏在花萼里，一半露在花萼外，这就是腰果的传说。

在中国唐代时期就已经有了腰果的贸易。腰果的起源可以追溯到古代的南美洲，当时的腰果是印第安人的主要食品之一，因为腰果的形状略像人的"腰子"，而得名"腰果"。后来，随着欧洲人的殖民扩张，腰果也被带到其他地区，如今，它已经成为世界各地人们餐桌上的美食。腰果不仅可以作为零食食用，还可以加入烹饪中，为菜肴增添独特的味道。腰果的营养价值也很高，含有大量的维生素和微量元素可以保护血管的弹性，维持血管的健康。以形补形是中医的理论，因为腰果形似肾脏，所以中医认为腰果对肾脏健康有帮助，既可以强肾固本，又利于延年益寿。

一、操作过程

(一) 操作准备

1. 原料、调料准备

腰果150克、白糖50克、咖喱粉5克、辣椒粉5克、花椒粉3克。

2. 用具准备

灶台、炒锅、长方形托盘。

3. 工艺流程

油炸→熬糖→锅离火→下粉料→翻炒→下腰果→裹粉→出锅→放凉→装盘。

4. 操作步骤

视频　怪味腰果制作

步骤1　原料准备

腰果、白糖、咖喱粉、辣椒粉、花椒粉按配方等比例准备好。

步骤2　炸腰果

步骤图	序号/图注/要领	步骤图	序号/图注/要领
	炸腰果的油温要控制在120℃，不能过高，炒勺要一直翻动，腰果在热油锅里变色很快　①		热油锅里的腰果色泽呈淡黄色就要捞出冷却 炸好的腰果一定要平摊在盆子里，如果把炸好的腰果堆在一起，那么堆在下面的腰果就会变糊　②

步骤3　味型的调制和装盘

步骤图	序号/图注/要领	步骤图	序号/图注/要领
	炒锅洗干净加入一勺清水和白糖，熬制糖起白泡火候要掌握好　①		白糖起白泡时，加入咖喱粉、辣椒粉、花椒粉炒匀后下入腰果，锅离火　②
	不停地用手勺翻炒，直至腰果均匀地裹上一层外衣 糖起白泡时下入原料，翻炒要迅速　③		熟制后装盘：将挂好霜的腰果放在盘子中间即可以谷堆形码放　④

二、质量控制

（一）成品特点

酥脆鲜香、麻辣甜咸；风味独特、味型丰富。

（二）质量问题分析

1.腰果用油炸至酥脆，火候的运用是关键。

2.怪味料的调制。

图2-2　怪味腰果

三、知识拓展

（一）原料

腰果是此菜肴成形的基础，从原材料来说它是坚果类食材，与其他坚果类似，如：花生米、核桃仁、夏威夷果等，都是做创意冷菜的好食材。

（二）技法

怪味腰果是在采用"挂霜"技法的基础上加以各种调味料而制成的菜品，为了丰富菜肴色泽与口感，可以采用把糖熬制成琥珀色再加入甜酸味等其他调味料，做成不同的味型菜品。

（三）形态

在形态方面，可采取堆、粘、贴、码等不同方式，制作出不同的造型；不同的原料品种具有不同的造型，到了不同地区也会有千变万化的创意。

形态的创新要求简洁自然、形象生动，制作过程简便迅速。

四、师傅点拨

当掌握了挂霜菜肴以后，使用同样的糖浆熬制方法，就可以制作拔丝类菜肴，区别在于糖浆冒大泡时，继续加热，直至糖浆无气泡，并呈香油色，然后加入炸好的土豆、苹果等，就可以制作出"拔丝苹果""拔丝土豆"等拔丝类的菜肴。

五、思考与练习

1.请问怪味味型是我国哪个地区代表性味型？各类坚果在烹饪过程中需要注意哪些要领？

2.通过上课及扫码观看视频，独立完成怪味腰果的制作，与家人分享并形成实训报告，也可拓展制作怪味花生等菜品。

任务三　桂花糖藕制作

1. 熟悉藕及糯米的种类与名称。
2. 熟练掌握桂花糖藕的制作工艺。
3. 能够运用蜜汁类菜肴制作工艺并能够举一反三。
4. 培养学生的动手能力和团队合作意识。

课件　桂花糖藕制作

任务导学

莲藕微甜而脆，可生食也可做菜，而且药用价值相当高。莲藕的栽培品种可分为藕莲、子莲和花莲三大类。其中花莲属于水生花卉，藕莲和子莲属于水生蔬菜。桂花糖藕在制作过程中，不仅注重主料选材，更注重火候，需达到色、香、味、形、质、养俱佳的状态。桂花糖藕是在传统的基础上进行了改良，现采用莲藕、糯米、红枣合理搭配，使其营养价值更加符合人体的需求。其含有丰富的膳食纤维和黏液蛋白、可促进肠道蠕动，增强人体免疫力。

桂花糖藕的传说故事

相传古时候，桂花糖藕在江南各地均有制作，尤其在扬州还有一段吃桂花糖藕高中状元的佳话。相传它是扬州的一位母亲，为苦读的儿子专门烹制的。她的儿子从小就喜欢吃莲藕，经常秉烛夜读，为了方便食用，也为了充饥，母亲想如果将糯米灌入莲藕孔中再放上糖煮熟，这样儿子吃了就不会饿了。此时恰逢桂花飘香的季节，母亲就随手采摘了院中的桂花放入锅中，果然煮出的糖藕香味四溢，十分好吃。此后，她儿子经常在读书时食用桂花糖藕。后来儿子进京赶考高中状元，他就是清康熙年间的状元王式丹。邻居知晓此事纷纷效仿，桂花糖藕也渐渐成为扬州地区传统的佳肴。

一、操作过程

（一）操作准备

1. 原料、调料准备

莲藕中段500克、糯米50克、干红枣10克、冰糖100克、红曲米粉20克、桂花糖5克。

2. 用具准备

案台、刀砧板、菜刀、灶台、牙签，高压锅、不锈钢盆。

3. 工艺流程

洗净→去皮→灌米→封口→调桂花汁→焖煮→晾凉→改刀→装盘。

视频　桂花糖藕制作

4. 操作步骤

步骤1 初加工与熟制处理

步骤图	序号/图注/要领	步骤图	序号/图注/要领
	准备材料：莲藕、糯米、干红枣、冰糖、红曲米粉、桂花糖 老藕清洗干净、干红枣清洗干净 ①		将清洗干净的老藕去皮，清洗糯米 老藕去头时应选大的一端，糯米需浸泡一段时间 ②
	将糯米灌入莲藕中，用筷子轻轻捣实，灌入糯米后用牙签插入藕头固定 灌入时要每孔都有糯米，封口要牢固，以防糯米涨出 ③		在锅中加入清水，再放入糯米藕、干红枣、桂花糖、冰糖、红曲米粉 加入清水量要足，以没过原料为准 ④
	将高压锅加盖大火烧开转小火1小时 把握好煮制时间 ⑤		将煮制好的桂花糖藕浸泡晾凉 制好的桂花糖藕要凉透才能进行改刀处理 ⑥

步骤2 改刀装盘

步骤图	序号/图注/要领	步骤图	序号/图注/要领
	改刀：取煮制好的桂花糖藕进行刀工处理，按照装盘要求切成大小一致的片状，淋入桂花糖 在改刀过程中要注意改刀成品厚薄一致 ①		装盘：改刀好的桂花糖藕在装盘中要拼摆整齐，如图2-3所示 装盘过程把好卫生关，刀具和盘子应专用 ②

二、质量控制

（一）成品特点

色泽红亮，香甜软糯；甜而不腻，风味独特。

（二）质量问题分析

1. 应控制好桂花糖藕的煮制时间。

2. 需自然冷却后改刀。

图2-3 桂花糖藕

三、知识拓展

（一）原料

桂花糖藕是以莲藕为原料制作而成的。莲藕淀粉多，宜熟食或煨汤，从材料着手适当使用莲子为原料创新冷菜品种是制作冷菜的绝好途径。例如：质地比较脆爽的莲子也可以做糯米糖藕，在制作时缩短烹饪时间，既保持营养不流失，又可防止菜品质感发生变化。

（二）技法

传统的烹饪方法是用铝锅煮制，现在采用高压锅煮制缩短时间。随着现代社会的高速发展和生活节奏的加快，如果采用传统方式操作，不仅会影响产品生产的速度，而且也不利于大批量生产。

（三）形态

在形态方面，装盘样式种类繁多，相同的产品用不同的刀法处理可形成不同的造型。具体的形态主要有桥面形、拱形、旋转及立体形态等。

四、师傅点拨

制作桂花糖藕，一定要选择藕孔较大且直的莲藕，一般7孔藕会比9孔藕要好一些；在塞入糯米时务必塞实，必要时可用筷子压实，另外塞至9分满即可，因后续加热过程中，糯米会二次膨胀。

五、思考与练习

1. 在制作桂花糖藕的流程中存在哪些细节，直接影响产品的成败？
2. 通过上课及扫码观看视频，独立完成桂花糖藕的制作，与家人分享并形成实训报告。

任务四　红酒雪梨制作

1. 熟练掌握红酒汁制作及调制要领。
2. 精准地调味以及雪梨刀工的处理方法。
3. 感知红酒雪梨的制作过程，并树立精益求精的工匠精神。

课件　红酒雪梨制作

任务导学

雪梨也称"雪花梨""相相梨"，是河北省土特名产之一，早在北魏时期就向宫廷进贡，至今已有2000多年的栽培历史。红酒雪梨是一道以梨子和红酒为主要材料的菜肴，通常是将梨子在红酒中慢慢炖煮，使其吸收红酒的香气和味道，然后再加入其他调料和糖果等进行调味。

红酒雪梨以煮、泡为烹饪方法，加入调味品泡制的目的是让雪梨更入味。

　　红酒雪梨的烹饪方式可能起源于古代的欧洲，尤其是法国和意大利等国家，这些地区以红酒的生产和消费而闻名。红酒雪梨可能是当时人们将梨子与红酒搭配使用的一种创新尝试，旨在增添梨子的口感和味道。

　　红酒雪梨在欧洲流行的程度和历史渊源并没有明确的记载，它更多地被视为一种美食创意和烹饪技巧的展示。这道菜肴在现代餐饮中仍然有一定的地位，常常被用作特殊场合的奢华、甜点，而且由于其制作方法简单易行，红酒雪梨也逐渐在全球范围内受到人们的喜爱。

一、操作过程

（一）操作准备

1. 原料、调料准备

雪梨 500 克、红酒 300 克、石榴红糖浆 100 克、雪碧 175 克、冰糖 150 克、柠檬 10 克。

2. 用具准备

砧板、菜刀、电子秤、灶台、汤锅、不锈钢盆、筷子。

3. 工艺流程

洗净→去皮→改刀→清水浸泡→调制红酒汁→加热入味→塑形→装盘。

4. 操作步骤

视频　红酒雪梨制作

步骤1　刀工成形

步骤图	序号/图注/要领	步骤图	序号/图注/要领
	将雪梨洗净对半切开，去头切尾，去掉核 皮和核要去除干净 ①		雪梨先对半切，再切蓑衣花刀 蓑衣花刀下刀要到原料的五分之四处，不可切断 ②

步骤2　浸泡入味

步骤图	序号/图注/要领	步骤图	序号/图注/要领
	将切好的雪梨放在清水中泡 捞出后，一定要沥干水分 ①		汤锅里放入红酒300克、石榴红糖浆100克、雪碧175克、冰糖150克、雪梨500克，中小火煮8分钟，关火加入柠檬片10克 各类调味品要在味汁中充分溶化，翻拌均匀。待冷至8小时即可装盘 ②

步骤3　浸泡入味

用筷子塑形，将花刀部分朝外摆成贝壳状，装盘即可。每一片雪梨都要轻轻捏出花形，如图2—4所示。

二、质量控制

（一）成品特点

色泽深红，酒香浓郁；清凉爽口，滋补养颜。

（二）质量问题分析

1.应控制好雪梨的选料以及切配大小。

2.红酒汁的比例要调好。

图2—4　红酒雪梨

三、知识拓展

（一）原料

此菜原材料以雪梨为基础，在创新方面可以采用各类脆性蔬果原料，如：苹果、黄桃、哈密瓜等。在制作时根据季节或喜好加入青柠檬，以丰富菜品的营养、颜色及味感。

（二）技法

随着人们对康养美食的追求，越来越多果蔬食材出现在人们的餐桌上，厨师可选择新颖的水果，运用多种烹饪技法，如：炖、煮、蒸、煨等，制作出更多具有特色的菜品。

（三）形态

在形态方面，样式变化种类繁多，不同装盘形式具有不同的造型，即使同一品种用不同的手法也会使造型千变万化，具体的形态主要有圆柱形、桥面形、阶梯形等。

形态的创新要求简洁自然、形象生动，可用模具等造型，既可创造出形象生动的作品，又可使制作过程简便迅速。

四、师傅点拨

此菜制作完成后，红酒汁不要浪费，依次再往里加入红酒、桂皮、橙子、苹果，再次煮制15分钟后，就是健康好喝的"热红酒"饮品。

五、思考与练习

1.酒香味型的凉菜还有哪些？

2.通过上课及扫码观看视频，独立完成红酒雪梨的制作，与家人分享并形成实训报告，也可以此方法做出一款相似冷菜。

任务五　水果泡菜制作

1.了解泡菜制作过程中的注意事项。

2.熟知水果泡菜的制作过程并能举一反三。

3.掌握泡菜制作的基础原则，提出合理的创新方式。

课件　水果泡菜制作

任务导学

中国泡菜总的来说，是一种发酵食品。以中国传统泡菜的拳头产品"白菜泡菜"为例，它是将白菜用淡盐水先腌过之后，再配以辣椒面、葱、蒜等搅拌成的底料，装在坛罐里发酵而成。中国泡菜所取的原料都是新鲜的蔬菜，含有丰富的维生素和钙、磷等无机物，既能为人体提供充足的营养，又能预防动脉硬化等疾病，所以自古以来，泡菜成了中国上至国宴，下至千家万户饮食中不可缺少的菜肴。每家餐馆或家庭的泡菜，味道都不尽相同，都有一手叫人品尝之后回味良久的绝活。究其原因，中国人津津乐道："一份泡菜一份情，是人之情融进了传统的饮食之中。"

水果泡菜的历史典故

泡菜起源于中国，腌泡菜最早可以追溯到3000～4000年前的商周时期。《诗经·小雅·信南山》中记载："中田有庐，疆场有瓜，是剥是菹，献之皇祖。"其中的"菹"就是泡菜的古称，是指用盐来泡渍蔬菜水果，这是世界上最早的泡菜雏形——腌渍菜。

明清时期随着外来蔬菜的引进，泡菜品种得到极大丰富，出现了一系列的泡菜大师和专业作坊，泡菜成为家家均有的必备美食。

泡菜历史悠久，流传广泛，几乎家家会做，人人爱吃，甚至在筵席上也要上几碟泡菜。泡菜常用的泡渍液有酸咸味和酸甜味之分，前者口感酸、咸、鲜、辣，主要用的辅料有食盐、花椒、白酒、干辣椒、红糖，加水熬制而成；后者口味酸、甜，主要辅料有白糖、白醋、食盐、香叶，加水熬制而成。

一、操作过程

（一）操作准备

1.原料、调料准备

卷心菜500克、苹果75克、柠檬5片、花椒5克、盐15克、糖100克、白醋8克、带水泡椒5克、纯净水100克。

2.用具准备

案台、刀砧板、菜刀、灶台、炒锅、粗漏勺、不锈钢盆。

3.工艺流程

备料→洗净→改刀→淡盐腌制卷心菜去涩味→挤干卷心菜多余水分→封口腌制入味→取出装盘。

4. 操作步骤

步骤1　初加工

步骤图	序号/图注/要领	步骤图	序号/图注/要领
	准备材料：卷心菜、苹果、柠檬、花椒、带水泡椒、盐、糖、白醋、纯净水 准备的食材，分量要准确　①		将所有的食材清洗干净 此凉菜将直接出品，故清洗时务必选用纯净水，将果蔬清洗干净，并避免二次污染　②
	将卷心菜改刀至大小均匀一致的1cm片状。将苹果切成大小均匀一致的1cm条状　③		再切上5片柠檬 改刀注意原料大小是否均匀，便于后期腌制过程中原料均匀出水入味　④

步骤2　腌制处理与装盘

步骤图	序号/图注/要领	步骤图	序号/图注/要领
	将刀工处理后的卷心菜放入容器中，将食盐均匀撒在卷心菜上充分搅拌，封上保鲜膜静置出水 ①把握好食盐用量，过多口感不脆，过少腌制过程中食材容易变质 ②一定要让卷心菜充分出水，以便于后期入味　①		挤出多余水分 一定要将多余水分挤干净，这样可以保证泡菜的口感　②
	将挤干水分的泡菜放入容器中，依次加入苹果、柠檬、花椒、糖、白醋、带水泡椒 所有食材放入之后充分搅拌，切记不可加入生水，否则泡菜腌制过程中会腐败变质　③		这是水果泡菜的最后一道工序，因此不仅要把好卫生关，还要掌握装盘的最基本方法。要求摆放整齐、匀称，采用"堆"的技法进行装盘　④

二、质量控制

（一）成品特点

果香四溢，脆爽可口；酸甜开胃，风味独特。

视频　水果泡菜制作

（二）质量问题分析

1.应控制好盐的使用量。

2.调味的调制比例要准确。

3.最后出品时口感要脆爽。

三、知识拓展

（一）原料

盐的使用量是制作此菜的基础，掌握了盐的用量，运用相同的操作技法，能够制作出不同的菜肴。例如：把卷心菜改为各类可泡制的水果、蔬菜类原料，能够制作出类似菜肴。

图2-5　水果泡菜

（二）技法

随着现代餐饮业高速发展，越来越多的果蔬泡菜品种涌现在人们的餐桌上。利用好一些新颖的水果，运用恰当的腌制手法，便能够做出更多具有特色的冷菜。

（三）形态

在形态方面，样式变化种类繁多，不同的品种具有不同的造型，即使同一品种不同地区，不同风味流派，运用不同的刀法处理，造型也会千变万化。泡菜装盘的形态主要有正方形、长方形、宝塔形及动物造型等。

四、师傅点拨

水果泡菜里的水果不是一成不变的，学员们要学会举一反三，根据季节变化，可以适量加入车厘子、菠萝、草莓、西瓜等各类水果，这样不仅丰富了口味，而且丰富了色彩上的搭配。

五、思考与练习

1.泡菜有哪些营养价值？对人体健康有哪些益处？

2.通过上课及扫码观看视频，独立完成水果泡菜的制作，与家人分享并形成实训报告，也可另选几种原料制作一款泡菜。

任务六　糖醋杨花萝卜制作

1. 准确掌握糖醋味调制的方法及要领。

2. 熟练运用蓑衣花刀对原料的成型技艺。

3. 感知糖醋杨花萝卜的制作过程，树立爱岗敬业的职业意识、安全意识、卫生意识。

课件　糖醋杨花萝卜制作

杨花萝卜又名樱桃萝卜，是一种小型萝卜，为中国四季萝卜中的一种，因其外貌与樱桃相似，故取名为樱桃萝卜。

杨花萝卜的做法以腌制、拌、泡为烹饪方法，用蓑衣花刀处理码盘的方法制作。腌制的目的是使杨花萝卜本身的苦水溢出，保留杨花萝卜的脆性及清香，加入调味品拌制、浸泡可使本菜更加入味。

糖醋杨花萝卜的传说故事

中国东北地区的杨花萝卜是一种非常常见的冬季蔬菜。这种杨花萝卜有着红色的外皮和纤维细腻的肉质，十分美味。据说，有一年遇到了一场大风暴，船只被迫停泊在一个偏远的港口。由于风暴影响无法出海，渔民只好在港口等待风浪平息。待风暴平息后，渔民发现渔船上的食物已经所剩无几，只剩下一些杨花萝卜和一些常见的调味料。为了满足渔船上众人的口腹之欲，渔民决定将剩下的杨花萝卜和调味料一起烹饪。他用糖和醋将杨花萝卜进行腌制，众人品尝后发现，这道杨花萝卜独特的酸甜口味非常美味，成为大家的最爱。糖醋杨花萝卜便由此诞生，它的美味很快在当地传播开来，成为东北地区一道经典的传统菜肴。如今，糖醋杨花萝卜已经广泛流传至全国各地。人们在品尝这道菜肴时，也能感受到渔民的那份坚韧和创造力。

一、操作过程

（一）操作准备

1. 原料、调料准备

杨花萝卜250克、小葱10克、盐5克、味精1克、白糖20克、香醋30克、芝麻油25克。

2. 用具准备

砧板、菜刀、电子秤、灶台、炒锅。

3. 工艺流程

清洗→改刀→调味→拌制→装盘。

视频　糖醋杨花萝卜制作

4. 操作步骤

步骤1　初加工

步骤图	序号/图注/要领	步骤图	序号/图注/要领
	杨花萝卜洗净 　杨花萝卜去头与尾的根须 <div align="right">①</div>		杨花萝卜对半切（质地大的要从中间一切为二） 　要求刀工处理得当、粗细要均匀 <div align="right">②</div>

步骤2　刀工成型

杨花萝卜切蓑衣花刀，蓑衣花刀下刀要到原料的五分之四处，不可切断。

步骤3　拌制入味

步骤图	序号/图注/要领	步骤图	序号/图注/要领
	切好后用盐拌匀，腌制30分钟，挤干萝卜水分待用 　撒盐时要均匀，拌开时手要轻 <div align="right">①</div>		盆里放葱、姜、蒜末，加入白糖、盐、香醋、芝麻油调汁，再放入挤干水分的萝卜，泡制30分钟 　各类调味品要在味汁中充分溶化，不可结块 <div align="right">②</div>

步骤4　装盘成形

按照萝卜的花刀片朝外装盘，　每一片萝卜都要用刀轻拍，如图2-6所示。

二、质量控制

（一）成品特点

酸甜爽口，糖醋味浓；刀工细腻，色泽鲜艳。

（二）质量问题分析

1. 应控制好蓑衣花刀的技法。

2. 酸甜味汁的比例要调好。

3. 注意螺纹装盘法的摆盘技巧。

三、知识拓展

（一）原料

图2-6　糖醋杨花萝卜

糖醋杨花萝卜的原材料是以杨花萝卜为基础，制作类似菜肴还可以采用如：白萝卜、萝卜皮、心里美萝卜、胡萝卜等脆性原料。在制作时加入少许红绿色的小米椒圈增加辣味，以及可直接生食的蔬菜，以丰富冷菜的营养、色泽和质感。

（二）技法

除了上述的蓑衣花刀，还可以使用牡丹花刀、十字花刀等。根据原料的种类与大小可做生腌与熟拌。

（三）形态

本节课制作的糖醋杨花萝卜是运用蓑衣花刀技法，并摆成"螺丝型"，根据各种刀工的需要可在形态方面做各种变化，如半球形、牡丹花形、宝塔形等。

四、师傅点拨

糖醋杨花萝卜的制作过程中，需要使用到传统工艺"蓑衣花刀"。该刀法要求下刀连而不断，初期很多学员还无法准确掌握，这时就可在杨花萝卜两侧垫上两块边角料，从而可以避免刀工处理过程中出现"断刀"的现象，等熟练以后就可以取消这一步了。另外，"蓑衣花刀"可以加工的食材不仅仅是杨花萝卜，大多具有一定韧性的原材料都可以使用此类刀法。

五、思考与练习

1.蓑衣花刀是否能在别的原料上使用？用黄瓜练习一下蓑衣花刀，并拍照发给老师。

2.通过上课及扫码观看视频，独立完成糖醋杨花萝卜的制作，与家人分享并形成实训报告。

任务七　香菜拌香干制作

1.解熟拌的分类和特点。

2.掌握熟拌的基本技巧和方法。

3.能完整说出焯水和过凉水的作用及目的，并掌握操作的关键点。

课件　香菜拌香干制作

任务导学

芫荽，别名胡荽，芫荽茎叶可作蔬菜和调香料，俗称香菜。香菜拌香干这道菜肴采用焯水拌的制作方法，不仅可以去除香菜表面的细菌与杂质，还可以去除香菜中的生涩味。香菜含有多种维生素，能清除内热，促进胃肠蠕动，增加食欲、开胃醒脾，对于治疗消化不良、提高视力、减少眼疾有一定的作用。

香菜拌香干的传说故事

传说一：南宋时期，有一个名叫周兴的小孩，他非常喜欢吃蔬菜，尤其是香菜。他的家庭非常穷困，经常只能吃些剩饭剩菜。有一天，邻居送给他一块香干，他心想："香干可以当零食吃，为什么不能拌香菜吃呢？"于是，他便开始尝试将香菜和香干一起拌食。周兴的父母非常赞赏他的创意，他们认为这是一道非常美味的菜肴。随着时间的推移，这道菜肴逐渐成了家族的传统美食。

传说二：明朝时期，有一位名叫张翰的官员，他非常喜欢吃香菜拌香干。他认为这道菜肴不仅美味，而且具有清热解毒的功效。于是，他将这道菜写入了他的《世说新语》中，成为历史上一段佳话。香菜拌香干已经成为中华美食文化中的一道经典菜肴。它既美味又富有营养，口感清爽，是许多人钟爱的美食之一。

一、操作过程

（一）操作准备

1. 原料、调料准备

香菜100克、香干2块、盐2克、白糖1克、味精2克、麻油20克。

2. 用具准备

案台、刀砧板、菜刀、灶台、炒锅、不锈钢盆。

3. 工艺流程

备料→香菜焯水→香干焯水→晾凉→去除多余水分→调味→拌制→装盘。

4. 操作步骤

视频　香菜拌香干制作

步骤1　初加工

准备材料：嫩香菜、香干、盐、白糖、味精、麻油。嫩香菜、香干清洗干净。

步骤2　熟制处理

步骤图	序号/图注/要领	步骤图	序号/图注/要领
	把水烧开至100°，加入少量食盐，将嫩香菜进行焯水　①		然后迅速倒出用冰水或者冷水过凉 迅速过凉的目的，是为了保持嫩香菜色泽碧绿　②
	把水烧开至100°，加入少量食盐，将香干进行焯水　③		然后迅速倒出用冰水或者冷水过凉 香干焯水时间不能太长　④
	将冷却后的嫩香菜挤干水分，香干晾干 去除多余水分，以免影响后期加工　①		将挤干水分的嫩香菜切成末，香干切成0.2cm的丁 在切配时要刀工均匀　②

步骤3　拌制装盘

步骤图	序号/图注/要领	步骤图	序号/图注/要领
	拌制：将已加工过的嫩香菜末、香干丁放入拌菜盆中，加入盐、白糖、味精、麻油拌匀即可 加入调味品后要拌制均匀　①		装盘：将拌好的香菜拌香干放入圆形模具中使其形状成圆柱体 装盘时，一定要把握好卫生关　②

二、质量控制

（一）成品特点

色泽碧绿、质感清爽；咸鲜味美、营养丰富。

（二）质量问题分析

1. 控制好香菜焯水的时间。

2. 按要求进行刀工处理。

3. 在调味时对口味要把控好。

三、知识拓展

（一）原料

图2-7　香菜拌香干

原材料是香菜拌香干成形的基础，从材料着手，适当使用新型辅料，创新蔬菜品种，不失为一种冷菜创新的绝好途径。例如：菠菜、马兰头、香椿芽等食材都可以制作凉拌冷菜。在拌制时加入不同颜色的蔬菜，既增加了维生素，又可使冷菜形成漂亮的色泽，诱人食欲。

（二）技法

在我国部分地区，香菜拌香干的制作采用生拌法，这样制作出来的香菜拌香干有一股香菜的生涩味以及苦味，香干口感偏硬。因此在这里我们采用焯水后凉拌，既能去除香菜中的生涩味、苦味，使香干口感变软，又去除香菜和香干表面的细菌和杂质，使该冷菜满足营养好、口味佳、速度快、卖相好的冷菜产品要求。

（三）形态

在形态方面，样式变化种类繁多，不同的品种具有不同的造型，即使同一品种不同地区、不同风味流派的冷菜也会千变万化。我们这里的形态创新是利用不同形状模具对菜肴进行装盘，使整道菜肴更加美观。

通过以上知识与技能的学习，找出创新点，根据对食材的变化法的创新、技法、形态等原则，创造出新的产品，做到传承不守旧，创新不忘本。对拓展产品，要反复论证，共同研讨，不断修正，高质量地完成好产品的创新拓展，以满足不断发展的社会需求。

四、师傅点拨

香菜拌香干是一道口味十分清爽的凉菜，所以在制作过程中一定要注意保护食材本身的"色""香""味"，从而凸显这道菜肴的特点，另外适当地更换主配料，又可以形成多种风味，如臭干、花生米等，学习过程中要多一些发散性的思路,不必过于刻板。

五、思考与练习

1. 香菜为什么要焯水和过凉水?

2. 通过上课及扫码观看视频,独立完成香菜拌香干的制作,与家人分享并形成实训报告。

任务八 油焖金钱菇制作

1. 理解干货涨发的概念。

2. 掌握涨发的基本原理和方法。

3. 熟悉植物性干货涨发注意事项。

4. 完成油焖金钱菇的制作过程。

课件 油焖金钱菇制作

任务导学

金钱菇也称蕊菇,是一种幼小型、未开伞的香菇的商品名。金钱菇呈小圆形,收缩得很紧扎,肉头厚实,根蒂短小,因像铜板般形状,故得此名。金钱菇味道鲜美,香气沁人,营养丰富,不但位列草菇、平菇白蘑菇之上,而且素有"菇中皇后"之誉。金钱菇富含蛋白质、氨基酸、维生素以及微量元素,特别是粗纤维含量丰富,可以促进肠胃蠕动,有助于营养的吸收,还含有丰富的营养物质,对人体健康有好处。

本节课针对金钱菇的特点,运用焖的烹饪技法,将金钱菇制成热制冷食的菜品。

油焖金钱菇的传说故事

油焖金钱菇是中国传统烹饪中的一道经典菜肴,其起源可以追溯到唐朝。据传,当时有位叫作李时中的厨师,他烹制了一道用香菇和肉片烧制的菜肴,很受人们的喜爱。后来,这道菜肴在民间流传开来,逐渐形成了油焖金钱菇这道传统菜肴。油焖金钱菇的烹饪方法也不断改进和创新。到了明代,油焖金钱菇已经成为中国著名的菜肴之一。在清朝时期,油焖金钱菇更是成为宫廷中的一道传统菜肴,受到了皇家的喜爱和推崇。油焖金钱菇已经成为中国烹饪中不可或缺的一部分,它不仅味道鲜美,营养丰富,而且烹饪方法简单,是一道很容易做的菜肴。同时,油焖金钱菇也具有丰富的寓意,被视为富贵和吉祥的象征。

一、操作过程

(一)操作准备

1. 原料、调料准备

金钱菇50克、八角1粒、桂皮10克、生姜20克、京葱50克、酱油15克、白糖10克、味精3克、精盐2克、料酒、色拉油30克。

2. 用具准备

砧板、菜刀、电子秤、灶台、炒锅。

3. 工艺流程

备料→涨发→调底汤→焖制→出锅→晾凉→装盘。

4. 操作步骤

视频　油焖金钱菇制作

步骤1　初加工

步骤图	序号/图注/要领	步骤图	序号/图注/要领
	准备材料：金钱菇、老抽、精盐、白糖、味精、八角、桂皮、小葱、生姜、色拉油 干金钱菇用温水浸泡一小时至回软，再用清水洗干净待用　①		将涨发好的金钱菇剪去蒂 将剪去蒂的金钱菇清洗好　②

步骤2　原料的焖制

步骤图	序号/图注/要领	步骤图	序号/图注/要领
	炒锅烧热，加油润锅后倒入油盆，再加入油将京葱、八角、桂皮、生姜入锅中变香，将洗好的金钱菇在锅里煸炒　①		加料酒、精盐、白糖、酱油，然后加入清水漫过金钱菇，旺火烧开转入小火焖制半小时后调味，开旺火收汁起锅即可 焖的操作要点是运用大火将汤汁烧开，然后转入小火，等原料成熟了调味，再开大火收汁　②

步骤3　装盘

本菜品装盘采用了扣的技法，在码摆时整齐、饱满，同时把好卫生关。油焖金钱菇如图2-8所示。

二、质量控制

（一）成品特点

色泽红亮、香气浓郁；咸鲜微甜、质感润滑。

（二）质量问题分析

1. 应挑选大小一致的金钱菇。

2. 金钱菇涨发后要清洗干净，去除蒂。

三、知识拓展

（一）原料

图2-8　油焖金钱菇

金钱菇是此菜肴成形的基础，从材料着手，适当使用新型辅料，创新蔬菜品种，不失为一种冷菜创作的绝好途径。例如：花菇、杏鲍菇、白灵菇等食材都可以做油焖类冷菜，还可以在制作时加入不同颜色的菌菇，既增加了维生素，又使菜肴形成漂亮的色泽，诱人食欲，用以丰富冷菜的颜色和口感。

（二）技法

油焖金钱菇是采用焖烧的烹调技法，在制作上还可以采用煨、烧、爆等烹饪技法，无论采用以上哪种技法烹制，只要做到汤汁浓稠包裹在原料上即可。

（三）形态

在形态方面，金钱菇是以香菇本身的圆形为主，不同的品种可以通过刀工的处理来改变形态，出品就具有不同的造型。

形态的创新要求简洁自然、形象生动，运用不同的手法，既要创造出形象生动的冷菜，又要使制作过程简便迅速。

通过以上知识与技能的学习，找出创新点，根据对食材的变化法的创新、技法、形态等原则，创出新的产品，做到传承不守旧，创新不忘本。对拓展产品，要反复论证，共同研讨，不断修正，高质量地完成好产品的创新拓展，以满足不断发展的社会需求。

四、师傅点拨

在制作水发类的植物性原料时，在进行入味前，可以尝试将其水发过程中所吸收的多余水分挤出，这样可以保证在后续的入味工艺时，原料本身更易入味，为良好的成品风味打好基础。

五、思考与练习

1. 列举五种动物性原料与海产品原料的涨发工艺。

2. 通过上课及扫码观看视频，独立完成油焖金钱菇的制作，与家人分享并形成实训报告。

项目三 豆类及豆制品类冷菜制作

一、学习目标

(一)知识目标

1. 掌握豆类及豆制品的质量控制、原料选择。

2. 熟练掌握不同豆类及豆制品加工的刀工成形技巧及手法运用。

3. 把控好不同菜品的制作时间及对火候油温的掌握。

(二)技能目标

1. 掌握豆类及豆制品类原料制作冷菜的加工工艺。

2. 掌握豆类及豆制品类冷菜制作过程中技法的运用。

(三)素养目标

1. 激发学生对中华优秀文化的热爱,树立传承中华饮食技艺的责任感。

2. 学生动手把豆类及豆制品菜肴装盘成不同的造型,培养学生美学意识。

3. 能够灵活地选择当地食材,做到物尽其用,不浪费材料,培养学生节约意识。

4. 制作过程中应严格按照制品的制作标准来操作,组员之间紧密配合,培养团队合作意识。

5. 保持环境与个人卫生,确保食品安全,培养学生安全意识。

二、项目导学

通过讲授、演示、实训,使学生了解和熟悉豆类及豆制品类原料的历史渊源,掌握不同豆类及豆制品类原料的制作工艺和制作要领,掌握九种豆类及豆制品类冷菜制作的技法。在教学的过程中,促进学生对中华饮食文化和技艺的传承,为创新发展奠定基础。同时,培养学生强化团队合作、资源节约、食品安全等意识。

任务一　酱香素鸡制作

1. 了解酱制品菜肴的烹调技法及制作要领掌握。

2. 掌握基础豆制食品通过包、卷、压的技法延伸出各种新型的食材。

3. 能够在老师的指导下正确制作酱制品菜肴。

课件　酱香素鸡制作

任务导学

素鸡，全称豆腐素鸡，是一种传统豆制食品，广泛分布在中国中部和南方。以素仿荤，口感与味道与原肉难以分辨，风味独特，此品为中国中部、南方的家常素菜。

这款酱香素鸡，卷成圆棍形，捆紧煮熟，切片过油，加酱料烧制冷吃的佳肴。也可做成鱼形、虾形等其他形状。口感以咸鲜味，菜色暗红，形似鸡肉，软中有韧，味美醇香为主。

酱香素鸡的传说故事

传说，武进一个农家嫁女儿时，父亲想为客人准备些丰富的菜肴，可是家境贫寒，只有豆腐类食材。他就试着把豆腐皮扎紧了放在水里煮，然后又拿去蒸，最后一个和鸡肉味儿极尽相似的新菜肴出现了，客人们吃后都说不比鸡肉差，可称为"素鸡"，此话虽然有安慰主家的意思，但这道菜的口味确实很有特色。此事传至梁武帝耳中，他喜出望外，认为"素鸡"是很好听的名字，还可以做成各种味型的素鸡。于是，梁武帝颁令，全国各地仿效推广。不知道的人以为素鸡是种特殊的鸡肉，但一个"素"字道破了它的玄机：素鸡不是"鸡"，很明显，它是一道素菜。就这样，素鸡不但在江南流传下来了，而且是饭桌上的一道重要菜肴。

一、操作过程

（一）操作准备

1. 原料、调料准备

素鸡250克、小葱10克、盐3克、味精1克、白糖10克、海鲜酱30克、五香粉4克、老抽一小调羹2克、食用油500克。

2. 用具准备

砧板、菜刀、电子秤、灶台、炒锅。

3. 工艺流程

准备原料→刀工处理→改刀→装盘→浇汁。

视频　酱香素鸡制作

4. 操作步骤

步骤1   刀工成型和初步熟处理

步骤图	序号/图注/要领	步骤图	序号/图注/要领
	素鸡去纱布或包装放入淡盐水泡20分钟后洗净，切成1厘米厚的片待用 每一片素鸡要求大小厚度要求一致 ①		热锅冷油后，锅里放油500克，油温升温至160℃将切好的素鸡片下锅炸制，素鸡片炸至金黄色（发脆并起鼓）出锅 要一片片从锅的四周下入，否则易结团 ②

步骤2   熟制装盘

步骤图	序号/图注/要领	步骤图	序号/图注/要领
	锅里放油，将葱、姜、海鲜酱炒香加入炸好的素鸡片炒制，加入水、老抽、盐、糖，中小火烧制成熟淋油 酱制品菜肴要烧制成自来芡，火候采用小火烧制30分钟入味收汁 ①		将酱制好的素鸡放入盛器中放凉，用刀将素鸡片成薄片用叠的技法摆盘 盘面整洁无污物与手指印，酱汁不能滴在器皿上 ②

二、质量控制

（一）成品特点

1. 颜色红润、酱香四溢。

2. 脆嫩相间、口感甜咸、老少皆宜。

（二）质量问题分析

1. 豆制品的制作技能。

2. 油锅的温度与时间的质量把控。

3. 酱制品菜肴的烹饪技法掌握。

图3—1 酱香素鸡

三、知识拓展

（一）原料

本菜使用的主要原料是豆制品原料，豆制品是大豆经加工制成的，如豆腐、豆腐丝、豆腐干、豆浆、豆腐脑、腐竹、豆芽菜等。因大豆经过加工，不仅蛋白质含量不减，而且还提高了消化吸收率。同时，各种豆制品美味可口，促进食欲，豆芽菜中还含有丰富的维生素C，在缺菜的冬春季节可起调剂作用。

（二）技法

除了本节课运用酱的特点制作风味凉菜，还可以使用油炸、卤浸、酒糟、白卤等烹饪技法。

（三）形态

本课制作的酱香素鸡是摆成"宝塔型"。利用不同的刀工处理方法摆成不同的造型，也可以利用各种模具造型摆成各种"形态"。

四、师傅指点

在做酱制的冷菜中可以尝试使用一些不常用的食材，如老北京麻酱菠菜中的芝麻酱和红薯丝，或者将罗勒叶换成鲜香椿芽来制作酱汁。在口味上可以大胆尝试新的组合，比如泰式炒饭酱的复合酱香味酱汁调料的添加顺序有讲究，通常先放粉末状和颗粒状的调味品，如盐、糖、鸡精等，搅拌均匀后再加入液态调料。此外，某些原料还可以通过切碎后放入料理机内打成细蓉，增加口感总的来说，做好酱汁冷菜需要综合考虑选材、制作工艺、口味调整、健康考量以及菜品呈现等多个方面。只有这样，才能做出既美味又健康的酱汁冷菜。

五、思考与练习

1. 大豆还可以加工成哪些豆制品？请列举10个品种，并说出它们的营养价值和医理药理。

2. 通过上课及扫码观看视频，独立完成酱香素鸡的制作，与家人分享并形成实训报告。

任务二　卤水兰花干制作

学习目标

1. 了解卤水制品菜肴的烹调方法及要领掌握。

2. 掌握基础豆制食品通过包、卷、压及运用不同的刀法成型的食材。

3. 能够在老师的指导下正确制作酱制品菜肴。

课件　卤水兰花干制作

任务导学

关于豆腐干，是有点来历的。相传很久很久以前，由于交通不便，加上生活艰苦，每逢过年，穷苦人家只能做些豆腐充当佳肴。为了便于存放，他们将新鲜豆腐卤成咸辣味，然后铺上稻草用文火烘，这样卤过再烘，烘过再卤重复几次，使豆腐干色如棕栗。如今，豆腐干不仅有很多品种，上等的豆腐干色泽棕褐，饱满润泽，咸鲜香辣、香气纯正、口感细腻，形状均匀。豆腐干营养价值高，是理想的高蛋白，低脂肪食品。热、凉、独食或配菜绝佳。

兰花干的历史典故

中国是大豆的故乡，中国栽培大豆已有五千年的历史。同时也是最早研发生产豆制品的国家。

记载刘安发明豆腐的典籍多达四五十种。现摘其要者，分述如下：《辞源》记载：以豆为之。造法，水浸磨浆，去渣滓，煎成淀以盐卤汁，就釜收之，又有入缸内以石膏收者。相传为汉淮南王刘安所造。

清汪汲《事物原会》说，西汉古籍有"刘安做豆腐"的记载。志属史信，是完全可以依赖的。

明清之际方以智《物性志》云："豆以为腐，传自淮南王"。

古老的历史遗迹是豆腐文化的考古依据。中国第二届豆腐文化节期间，在古城寿县召开豆腐文化国际研讨会，与会专家学者应邀参观寿县博物馆。看到了1965年4月出土于寿县茶庵乡瓦房村，庄队汉墓中的水磨。从出土文物来看，豆腐发明于汉代的时间、地点是可以确信无疑的。

淮南王刘安发明了豆腐。在以后的两千多年里，豆腐制作逐渐传遍了全中国。各地的劳动人民又不断根据地域特点加以不断改进，终于形成了中国的豆腐文化。海峡两岸为发扬光大豆腐的美食，弘扬民族文化，于1990年9月15日分别在北京和台北举办了首届中国豆腐文化节，并确定9月15日（豆腐发明人淮南王刘安的生日）为中国豆制品文化节，每年举办隆重的纪念活动。

一、操作过程

（一）操作准备

1. 原料、调料准备

白干2块、生姜6克、大葱10克、香叶3片、桂皮5克、八角3颗、盐5克、糖30克、味精5克、老抽2克、生抽8克、卤水王3克、鸡清汤500克、食用油300克。

2. 用具准备

案台、刀砧板、菜刀、灶台、炒锅、粗漏勺、不锈钢盆。

3. 工艺流程

准备原料→初加工→熟处理→改刀→装盘。

4. 操作步骤

视频　卤水兰花干制作

步骤1　初加工

步骤图	序号/图注/要领	步骤图	序号/图注/要领
	准备材料：白干2块、生姜片6克、大葱段10克、香叶3片、桂皮5克、八角3颗、盐5克、糖30克、味精5克、老抽2克、生抽8克、卤水王3克、鸡清汤500克、食用油300克 ①		将洗净的白干，按照兰花刀法的要求进行改刀处理，晾干备用　刀工处理时角度、间距、深度的控制 ②
	将油锅烧至五成油温　油温控制要准确 ③		下入改好刀的兰花干炸至金黄色　炸制时间控制好，不要炸得过久 ④

步骤2　熟制处理

步骤图	序号/图注/要领	步骤图	序号/图注/要领
	调制卤汤：在锅中先下入葱姜炒香，再依次下入八角、香叶、桂皮炒香，倒入鸡清汤，依次加入老抽、生抽、卤水王、盐、糖、味精调味 炒制香料时一定要先炒葱姜，否则香料易糊发苦　①		将炸好的兰花干放入卤水烧开转小火卤制20分钟，关火继续泡制30分钟火候的控制要得当，不要糊锅，口味把握要得当 将卤制好的兰花干捞出晾凉　②

步骤3　改刀装盘

步骤图	序号/图注/要领	步骤图	序号/图注/要领
	改刀：取完整的卤制好的兰花干（凉透）进行刀工处理，按照装盘要求切成大小一致的长条块 改刀过程中要注意成品大小　①		装盘：将改刀后的兰花干拼摆在盘中，要求摆放整齐、匀称、采用叠的技法进行装盘 装盘过程中要把握好卫生关　②

二、质量控制

（一）成品特点

1.豆香四溢、咸鲜可口。

2.香味浓郁、汤汁爆口。

（二）质量问题分析

1.应控制好香料的使用量。

2.刀工的处理要准确。

3.油温的控制得当。

三、知识拓展

（一）原料

图3-2　卤水兰花干

原材料是制作此菜的基础，要从原材料入手，比如萝卜、地瓜、黄瓜等具有韧性及延伸性的原料，运用相同的刀工技法，能够制作出类似造型，但口味不同的菜肴。

（二）技法

兰花干子所用到的兰花刀法，不仅仅是众多传统花式刀法中的一种，还有诸如麦穗刀法、十字花刀、蓑衣刀等，其中蓑衣刀法比较适用于黄瓜类等质地较脆的食材，蓑衣刀法可以做到便于原料入味的同时，保证原料的完整性，也是非常实用的传统花式刀法之一。

（三）形态

此类刀法可以应用的菜肴有很多，比如利用兰花刀法还可以制作"油爆腰花"等诸如此类的菜肴，通过以上知识与技能的学习，找出创新点，根据对食材的创新、技法、形态等原则，创出新的产品，做到传承不守旧，创新不忘本。对拓展产品，要反复论证，共同研讨，不断修正，高质量地完成好产品的创新拓展，以满足不断发展的社会需求。

四、师傅指点

卤水可分为红卤和白卤两种：红卤中由于加入了酱油、糖色、红曲米等有色调料，故卤制出来的成品色泽棕红发亮，适宜于畜类、禽类、畜禽内脏以及豆制品的卤制；白卤中则加入无色调料，故成品色泽淡雅光亮，适宜于水产品、禽类、蔬菜的卤制。

也有不少的原料既可红卤又可白卤，随着季节的变化，菜品也需采用不同的卤制方式。

五、思考与练习

1. 述说兰花干子在制作时有哪些技巧？
2. 通过上课及扫码观看视频，独立完成卤水兰花干的制作，与家人分享并形成实训报告。

任务三　蜜汁白芸豆制作

1. 了解蜜汁制品菜肴的烹调方法及要领掌握。
2. 掌握蜜汁制品类型。
3. 能够在老师的指导下正确制作蜜汁制品菜肴。

课件　蜜汁白芸豆制作

任务导学

白芸豆，又名白腰豆、京豆、大白豆等；煮熟后皮绽开花，似朵朵白云，故称白云豆。这款蜜汁白芸豆的做法采用了"煮"制作方法，运用瓦罐煲制、砂锅煲制等烹饪方法；也有用炒锅煮制的，但是与铁锅煮制的区别还是很大的，因为铁锅在煮制过程中、白芸豆的色泽会发生变化，显得灰暗，所以不提倡使用铁锅。另外白芸豆堪称豆中之冠，制作成熟的白芸豆可冰镇可冷藏非常方便，吃起来软软糯糯特别清凉酥爽。

蜜汁白芸豆的历史典故

蜜汁白芸豆是一道江浙菜系的传统名菜，它的历史典故可以追溯到明朝嘉靖年间。相传，在明代嘉靖年间有一位名叫余贵清的厨师，在江南一家大酒楼工作。余师傅以其精湛的烹饪技艺和创新的菜品而闻名，他制作的一道使用白芸豆和蜜汁调制而成的菜品备受食客的喜爱。

据传，当时有一位官员听说余师傅的菜品非常美味，于是前来品尝。这位官员吃了一口后，不禁大加赞赏："这道菜真是独具风味，味道甜而不腻，酥糯可口。"并将这道菜品称之为"蜜汁白芸豆"。

　　由于这位官员的赞赏和推广，蜜汁白芸豆逐渐在江南一带流行开来，并且成为一道备受食客喜爱的传统菜品。至今，在江浙一带的餐桌上，蜜汁白芸豆仍然是一道备受喜爱的经典菜品。

一、操作过程

（一）操作准备

1. 原料、调料准备

白芸豆200克、冰糖20克、蜂蜜10克、盐1克。

2. 用具准备

灶台、蒸锅、砂煲、炒勺。

视频　蜜汁白芸豆制作

3. 工艺流程

准备原料→浸泡涨发→煮制→收汁→装盘。

4. 操作步骤

步骤1　初加工

步骤图	序号/图注/要领	步骤图	序号/图注/要领
	准备材料：白芸豆200克、冰糖20克、蜂蜜10克、盐1克 将白芸豆浸泡12小时，清洗干净　①		先把白芸豆、冰糖、盐加入器皿中 要求烹制器皿选用得当，盐可以使得甜味更加纯正　②

步骤2　蜜汁白芸豆制作

步骤图	序号/图注/要领	步骤图	序号/图注/要领
	将白芸豆放入锅中煮制1小时 煮制时一定要小火，防止成熟后爆开　①		把煮制好的白芸豆滤出汁液，倒入砂煲中小火熬制黏稠 小火熬制，是为了保持蜜汁的色泽清澈透亮　②

步骤3　成熟装盘

步骤图	序号/图注/要领	步骤图	序号/图注/要领
	将已熬制好的蜜汁再次淋入煮熟的白芸豆中，使其均匀；等白芸豆温度低于60℃时加入蜂蜜拌匀 蜂蜜添加时温度不能过高，温度过高会改变蜂蜜的味感　①		将制作好的蜜汁白芸豆装在盘中，要求码放整齐、蜜汁透亮、赏心悦目、立体感强 再次淋入剩余蜜汁，使每一个白芸豆上都均匀沾上蜜汁　②

二、质量控制

（一）成品特点

1.酥而不烂、甜而不腻。

2.色泽通亮、绵糯可口。

（二）质量问题分析

1.应控制好白芸豆浸泡温度和时间。

2.白芸豆煮制成熟度要适中，如何保持酥而不烂的口感。

3.熬制蜜汁时防止底部焦苦，学生分组练习。

图3-3   蜜汁白芸豆

三、知识拓展

（一）原料

原材料是蜜汁白芸豆成形的基础，从材料着手，适当使用新型辅料，创新蜜汁菜肴品种，不失为一种冷菜创新的绝好途径。例如：质地成熟后比较软糯的南瓜、红薯等都可以做蜜汁冷菜，还有在做蜜汁菜肴时加入不同颜色的食材，既增加了维生素，又可使菜肴形成漂亮的色泽，诱人食欲。以丰富冷菜的颜色和口感。

（二）技法

随着现代社会的高速发展，除高档餐厅、高档宴会需精细冷菜外，普通宴席也可以批量制作蜜汁菜肴，通过蒸的方式，或者采用高压方式提高出品速度。因此，只要提前调配好蜜汁，掌握好烹制时间，既能做出营养好、口味佳、速度快、卖相好的冷菜产品，蜜汁菜肴也是现代餐饮市场最受欢迎的品种。

（三）形态

在"形态"方面，样式变化种类繁多，不同的品种具有不同的造型，我们可以利用白芸豆的黏性，将芸豆制成豆泥，而后利用各类造型模具，按压制成不同的造型。

四、师傅指点

蜜汁制品所用的烹调方法主要有蒸、烧、焖等几种，在烹制的最后阶段，都有一个收稠蜜汁的过程，一方面糖汁浓稠能使部分糖分渗入原料，或裹覆原料表面，起入味的作用。另一方面糖浆浓缩后会产生一定的光亮。酥烂软糯是蜜汁制品的共同特征，故不管属于哪种烹调方法，其致酥原料的加热过程都经历一定的时间。

五、思考与练习

1.蜜汁菜肴制作要注意哪些事项？

2.通过上课及扫码观看视频，独立完成蜜汁白云豆的制作，与家人分享并形成实训报告。

任务四　皮蛋豆腐制作

学习目标

1. 了解冷菜制品菜肴的烹调方法及要领掌握。
2. 掌握基础豆制食品通过包、卷、压的技法延伸出各种新型的食材。
3. 能够在老师的指导下正确制作炝拌类制品的菜肴。

课件　皮蛋豆腐制作

任务导学

传统的豆腐制作，多采用石膏、卤水作凝固剂，其工艺复杂、产量低、储存期短、易吸收。内酯豆腐，用葡萄糖酸内酯为凝固剂生产的豆腐。改变了传统的用卤水点豆腐的制作方法，可减少蛋白质流失，并使豆腐的保水率提高，比常规方法多出豆腐近1倍，且豆腐质地细嫩、有光泽，适口性好，清洁卫生。

本次课制作这款皮蛋豆腐以腌制、拌为烹饪方法，用叠层浇头的方法制作。烫制成熟处理豆腐的目的是制熟及去除豆腥味，叠层浇头的目的是保鲜增香，提高豆腐的鲜味。

皮蛋豆腐的历史典故

传说三国时候，刘备自东吴借兵之后，便带着人马攻打西川，留下关羽镇守荆州。这一年夏天天气酷热，将士们顶着太阳练习武艺，个个汗流浃背。时间一长，许多将士心生内火，大便干结，小便赤黄，口干舌烂。关羽十分着急。一天关羽独自一人在书房沉思默想，不觉日上三竿，部下端来饭菜，其中有一样卤黄豆。关羽马上联想到豆腐，医书上说过石膏性凉，可祛火，不妨试一试。关羽吩咐军士泡豆、煮浆，亲手点石膏，因石膏点轻了，豆腐打得嫩，不能炒。将士们只能用食盐拌着吃，说来也巧，这种豆腐就像一剂良药，将士们吃了它，病慢慢地好了。后来，一些江陵籍的军士把家乡出的皮蛋拌入嫩豆腐，加上佐料，不仅味道鲜美，而且清热解毒，成为一道名菜流传至今。

一、操作过程

（一）操作准备

1. 原料、调料准备

内酯豆腐一盒、芫荽菜10克、白酱油5克、皮蛋一个、榨菜5克、芝麻油3克、辣椒油4克、熟芝麻1克。

2. 用具准备

砧板、菜刀、电子秤、灶台、炒锅。

3. 工艺流程

准备原料→煮制→改刀→装盘→浇汁。

视频　皮蛋豆腐制作

4. 操作步骤

步骤1　初加工

步骤图	序号/图注/要领	步骤图	序号/图注/要领
	内酯豆腐煮制成熟，皮蛋放水中用小火煮20分钟　煮豆腐火候不宜大 ①		把榨菜、芫荽菜、皮蛋切末　要求刀工处理得当、粗细要均匀 ②

步骤2　制作工艺

步骤图	序号/图注/要领	步骤图	序号/图注/要领
	内酯豆腐切小丁，滤水，放入碗中，倒入白酱油使豆腐入味　白酱油要均匀地浇在豆腐上，便于入味 ①		依次叠层加入榨菜末、芫荽末、皮蛋末，淋上芝麻油和辣椒油最后撒上熟芝麻　不可改变浇头的添加顺序 ②

二、操作过程

（一）成品特点

1. 清香爽口、鲜香浓郁。

2. 色泽艳丽、咸鲜适口。

（二）质量问题分析

1. 应控制好皮蛋煮熟时间，皮蛋表面出现一朵朵松花即可。

2. 豆腐制熟后要滤水干净，一般滤水要3分钟。

3. 所有的浇头要按顺序加入。

图3—4　皮蛋豆腐

三、知识拓展

（一）原料

皮蛋豆腐是一道家常凉拌菜，主要制作材料为内酯豆腐、榨菜、皮蛋、香油、香菜，其制作简单，营养丰富，清热解火，富含人体所需的多种营养成分，我们可以在制作时可以将皮蛋替换成咸鸭蛋，就可以制作咸鸭蛋豆腐等。

（二）技法

很多凉拌菜除了用拌制法以外，还可以用泡、腌的方法制作，如老醋花生、糖醋萝卜等，最后将凉菜堆放到餐具里，淋上酱汁即可。

（三）形态

本次课制作的皮蛋豆腐是运用瓷器盛放堆制，根据烹饪方法，选择的器皿具有广泛性，由于质地软滑不建议成品后的各种形状过大。

四、师傅指点

皮蛋，是一种经过特殊发酵过程制成的蛋白食品。其外表呈现琥珀色，带有微妙的透明感；内质则如同果冻般细腻，口感滑嫩而略带韧性。相较之下，松花蛋则以其独特的"松花纹理"著称，蛋白部分呈透明或半透明状，蛋黄则像镶嵌在中心的琥珀，色泽诱人。在食用前皮蛋要带壳放在锅里小火煮制20分钟，冲凉以后皮蛋上会出现一朵朵美丽的松花。

五、思考与练习

1. 皮蛋和豆腐要加热的意义？
2. 通过上课及扫码观看视频，独立完成皮蛋豆腐的制作，与家人分享并形成实训报告。

任务五　三鲜烤麸制作

学习目标

1. 了解原料涨发原理及菜品的烹调方法。
2. 掌握菜品的制作流程和操作过程中应注意的事项。
3. 能够在老师的指导下独立完成菜品制作。

课件　三鲜烤麸制作

任务导学

烤麸的主要原料是小麦面粉，在水中搓揉筛洗而分离出来的面筋、经发酵蒸熟制成的、呈海绵状、口感松软有弹性。

本节课我们选用干的烤麸，也可选用新鲜的烤麸。采用先泡回软、沥干水分炸制、后红烧，最好在卤汁中泡一下再大火收汁。泡的目的是烤麸更入味。

三鲜烤麸的传说故事

据传，三鲜烤麸还与大文学家苏轼有一段民间佳话。据《东坡肉赋》记载，苏轼在一次宴会上品尝了一道由烤麸、黑木耳、竹笋制作的菜肴。他连连称赞，称其为'素中之肴，鲜中之馔'，并将其称为'三鲜烤麸'。由于口感鲜美、营养丰富，深受苏轼喜爱，每次在府上招待客人必上此菜，因其十分美味，逐渐传于民间，深受广大美食爱好者的喜爱，已经成为中国传统素菜的一道特色佳肴。

一、操作过程

（一）操作准备

1. 原料、调料准备

干烤麸150克、干黄花菜5克、黑木耳5克、麻油10克、小葱10克、生姜5克、八角2粒、一小片桂皮、白糖15克、生抽15克、老抽10克。

视频　三鲜烤麸制作

2. 用具准备

砧板、菜刀、电子秤、灶台、不锈钢盆、炒锅。

3. 工艺流程

准备原料→刀工处理→过油→烧制→冷却→装盘。

4. 操作步骤

步骤1　初加工

步骤图	序号/图注/要领	步骤图	序号/图注/要领
	干烤麸150克、干黄花菜5克、黑木耳5克放入温水中浸泡2小时，中间要换两次温水进行涨发 小葱去根、生姜清洗干净　①		把泡软泡透烤麸挤压水分，也可用毛巾或厨房纸包裹吸干水、改刀成长约3厘米正方形、生姜切片、小葱打葱结 要求刀工处理要均匀　②

步骤2　加热烹制与装备

步骤图	序号/图注/要领	步骤图	序号/图注/要领
	锅中加入色拉油，加热到约七成热时下入烤麸粒，中火炸制烤麸表皮微微金黄色，捞出控油备用 控制油温、炸至烤麸用漏勺盛起上下晃动有清脆的响声　①		锅中加入清水烧沸下入黄花菜、黑木耳焯水 沸水下入原料待沸后捞出　②
	炒锅上火，下入少许油，下葱结、生姜片煸香，下八角、桂皮、炸过的烤麸、焯过水的黄花菜、黑木耳翻炒。下生抽、老抽、白糖及清水，烧开转小火，加盖烧煮20分钟。打开锅盖，去葱结、生姜片、八角及桂皮，大火收汁至汤汁将要收干时，倒入麻油，翻匀出锅 注意老抽的用量，不宜过多　①		将已烧制好的三鲜烤麸冷却后装盘，要求富有新意、立体感强且赏心悦目 热制冷吃的菜肴要等菜肴冷却后装盘　②

二、操作过程

（一）成品特点

1.口感细腻软糯、咸中带甜、香味浓醇。

（二）质量问题分析

1.应控制好浸泡烤麸的时间，应多换几次水。

2.黄花菜、黑木耳的泡发及焯水。

3.炸制时油温的掌控。

图3-5　三鲜烤麸

三、知识拓展

（一）原料

原材料是以小麦面粉为基础，经发酵蒸制而成。以此原料着手，适当使用新型辅料或调味品，创新品种，不失为一种创新的途径。例如：加工时可加入辣椒，满足食辣的消费者，还有在烧制时加入不同的辅料如菌菇类、笋等，既增加了维生素，又丰富了此菜的口感。

（二）技法

随着生活水平的不断提高，人们对冷菜的口味也发生了变化。过去仅仅局限于传统的单一口味，难以满足现代消费者的口味需求。传统的手工操作，不仅会影响产品的质量控制和生产的速度，而且也不利于批量生产。因此，改用炸后放入提前熬好卤汁中浸泡，既保证了口味而且又提高了出品。

（三）形态

在"形态"方面，样式变化种类繁多，过去是以手撕，在形态方面造型有限。具体的形态主要有几何形态、堆形及西式装盘等。"形态"的创新要求简洁自然、形象生动，可运用省略法、夸张法、变形法、添加法、几何法等手法。

通过以上知识与技能的学习，找出创新点，根据对食材的变化法的创新、技法、形态等，创出新的产品，做到传承不守旧，创新不忘本。对拓展产品，要反复论证，共同研讨，不断修正，高质量地完成好产品的创新拓展，以满足不断发展的社会需求。

四、师傅指点

烤麸，一种常见的素食材料，起源于中国并逐渐流行于世界各地。在上海，烤麸有着特殊的地位和寓意，被人们赋予了"靠夫"的寓意，象征着家中的男丁在新的一年中能够取得更高的成就。三鲜烤麸是上海本帮菜中一道脍炙人口的名菜，深受人们喜爱，不仅口感细腻软糯、咸中带甜、香味浓醇，还富含各类人体所需的营养。

五、思考与练习

1.黄花菜和木耳焯水的目的是什么？

2.通过上课及扫码观看视频，独立完成三鲜烤麸的制作，与家人分享并形成实训报告。

任务六　酸辣粉条制作

学习目标

1. 了解制作粉条需要的原料。

2. 掌握粉条的制作要领，及成熟方法。

3. 了解酸辣粉条的起源、特点和文化背景。

课件　酸辣粉条的制作

━━ 任务导学 ━━

　　粉条富含碳水化合物、蛋白质、烟酸、钙、镁、钾、磷、钠等矿物质，粉条本身并没有味道，通过后期的加工可以形成多种风味，在夏季我们一般制作成酸辣口味，在炎炎夏日也算是开胃必备的凉菜之一。

　　随着时间的推移，酸辣粉条逐渐在川渝地区流行开来。它的酸辣口感和丰富的调料深受人们喜爱，成为一道具有代表性的川菜。在川渝地区的饮食文化中，酸辣粉条已经成为不可或缺的一部分，被广泛地当作一道美味的小吃或正餐。

　　如今，酸辣粉条已经成为中国美食文化的重要组成部分，不仅在国内享有盛名，也逐渐受到国际消费者的喜爱。它的历史典故也成了人们了解川菜文化和美食传统的一部分。

一、操作过程

（一）操作准备

1. 原料、调料准备

粉条200克、黄瓜50克、白糖10克、精盐5克、味精2克、香醋10克、酱油5克、辣油10克、蒜子5克、红尖椒1克、麻油5克。

2. 用具准备

灶台、炒锅、刀具、砧板。

3. 工艺流程

准备原料→改刀→拌制→装盘。

4. 操作步骤

视频　酸辣粉条的制作

步骤图	序号/图注/要领	步骤图	序号/图注/要领
	粉条、黄瓜、白糖、精盐、味精、香醋、酱油、辣油、蒜子、红尖椒、麻油 注意原料的比例　①		将粉皮切成小型条状，黄瓜切丝、红尖椒切段、蒜子剁成泥　②
	将切好的原料放入盆中，加入酱油、精盐、白糖、味精、香醋、辣油、麻油进行拌制即可 原料加入调味品要拌匀　③		将拌制好的菜品码放在盘中间即可，形态饱满　④

二、操作过程

（一）成品特点

麻辣鲜香、色泽红亮、酸辣爽口。

（二）质量问题分析

1.拌制时口味的调制。

2.粉条与黄瓜的比例搭配。

图3-6　酸辣粉条

三、知识拓展

（一）原料

原材料是粉皮与黄瓜为原料，从材料着手，适当使用新型辅料，创新蔬菜品种，不失为一种冷菜创新的绝好途径。例如：质地比较脆爽的食材都可以做酸辣口味拌制的冷菜，还有在拌制时加入不同颜色的蔬菜，既增添了菜肴的营养，又可使菜肴的色泽亮丽，诱人食欲。

（二）技法

酸辣粉条是一道著名的川菜，其烹饪技法是拌。拌制凉菜分为生拌、熟拌、生熟拌、匀拌、温拌和清拌，特点是取料广、操作方便、原料鲜嫩、口味清爽。酸辣粉条在制作工艺上可用炝、腌等方法。

（三）形态

在传统的"形态"下拓展创新要求简洁自然、形象生动，可运用不同的刀工技法拼摆出各种形态的冷菜，也可以运用各种模具拼摆出形象生动的冷菜。

六、师傅点拨

酸辣粉条不仅味道独特，还非常健康和方便。低热量、高营养，既美味又健康。酸辣粉中的酸味和辣味相互映衬，味道层次分明，让人越吃越爱，而且口感细腻而丰富，每一根粉条都浸润在酸辣汤底中，饱含浓郁的酸辣味，酸辣粉中的酸味来自醋，辣味则来自花椒粉和辣椒油。

五、思考与练习

1.述说酸辣粉条的起源、特点和文化背景。

2.通过上课及扫码观看视频，独立完成酸辣粉条的制作，与家人分享并形成实训报告。

任务七　蒜香荷兰豆制作

学习目标

1.了解金蒜的制作技法。

2.掌握植物性原料在制作冷菜时叶绿素不被破坏的几种方法。

3.能够在老师的指导下制作热制冷吃的菜肴。

课件　蒜香荷兰豆制作

任务导学

蒜香荷兰豆这款冷菜焯水后采用拌的烹饪技法，焯水可以去除荷兰豆中残留的杂质和涩味，还可以促进荷兰豆中皂素和凝血素的分解，菜豆类多少都含有皂素和凝血素，没有熟透会刺激消化道，引起人体的不适。荷兰豆中富含膳食纤维、维生素、钙、锌等营养物质，适量食用可以润肠通便，促进肠道蠕动缓解便秘，改善体内微循环提高免疫力，促进身体健康。

荷兰豆是一种常见的蔬菜，在凉菜中经常被使用。然而，荷兰豆的历史典故并没有明确的记载或传说。荷兰豆的原产地是南美洲，最早在15世纪传入欧洲。在中国，荷兰豆则是在近代被引入。

在中国，凉菜的种类繁多，包括拌、腌、炝、凉拌、涮等多种制作方式。凉菜以其清爽的口感和丰富的味道而受到人们的喜爱，无论是家庭聚餐还是正式场合，凉菜都是不可或缺的一道菜。

尽管蒜香荷兰豆的历史典故不明确，但凉菜作为中国餐饮文化中的重要组成部分，它的存在方式和制作方法对于人们来说都是不可或缺的。无论是夏季炎热的天气还是其他季节，凉菜都能为人们带来美味和清爽的感觉。

一、操作过程

（一）操作准备

1. 原料、调料准备

荷兰豆350克、蒜子50克、红椒20克、盐3克、味精2克、麻油20克、食用油100克。

2. 用具准备

案台、刀砧板、菜刀、灶台、炒锅、不锈钢盆。

3. 工艺流程

准备原料→初加工→熟处理→拌制→装盘。

4. 操作步骤

视频　蒜香荷兰豆制作

步骤1　初加工

序号	步骤图	步骤图解	步骤要领
	准备材料：荷兰豆350克、蒜子50克、红椒20克、盐3克、味精2克、麻油20克、食用油100克 荷兰豆、红椒、蒜子要清洗干净①		荷兰豆剪去两头后洗净，红椒洗净切成长条状 红椒切成5cm的长条状，粗细一致②

步骤2　金蒜制作

序号	步骤图	步骤图解	步骤要领
	蒜子铡切成泥，用水漂洗后沥干水分 蒜泥要充分漂洗，去除蒜味　①		将沥干水分的蒜泥投入温油中炸至金黄色成金蒜 在炸蒜时要控制好油温，以防炸煳　②

步骤3　熟制处理

序号	步骤图	步骤图解	步骤要领
	将初加工后的荷兰豆投入开水锅中烫透（水中加少量的食盐），随即捞出，并用凉开水浸凉，然后捞出沥干水分 焯水时加少量的食盐能够起到护色作用　①		将改刀后的红椒投入开水锅中烫至断生（水中加少量的食盐），随即捞出，并用凉开水浸凉，然后捞出沥干水分 红椒焯水时时间不宜过长，要保证红椒脆嫩的口感　②

步骤4　拌制装盘

序号	步骤图	步骤图解	步骤要领
	拌制：将已加工过的荷兰豆、红椒丝放入拌菜盆中，加入金蒜、盐：3克、味精：2克、麻油：20克拌匀即可 加入调味品后要拌制均匀　①		装盘：拌制好的蒜香荷兰豆在装盘中要堆叠整齐，可以用少量金蒜装饰 装盘注意卫生装盘　②

二、操作过程

（一）成品特点

1.清脆爽口、色泽碧绿。

2.蒜香浓郁、风味独特。

（二）质量问题分析

1.应控制好荷兰豆的焯水温度、时间。

2. 金蒜制作时要控制好油温。

3. 在调味时对口味要把控好。

三、知识拓展

（一）原料

原材料是蒜香荷兰豆成形的基础，从材料着手，适当使用新型辅料，创新蔬菜品种，不失为一种冷菜创新的绝好途径。例如：质地比较脆爽的食材都可以做蒜香拌制冷菜，还有在拌制时加入不同颜色的蔬菜，既增加了维生素，又可使冷菜形成漂亮的色泽，诱人食欲。

图3—7　蒜香荷兰豆

（二）技法

随着现代社会的高速发展，除高档餐厅、高档宴会需精细冷菜外。传统蒜香冷菜制作，大多是经过油炸而成的。如果长时间的手工操作，不仅会影响产品质量的控制和生产的速度，而且也不利于大批量生产。因此，改用提前炸制好的金蒜，既能满足营养好、口味佳、速度快、卖相好的冷菜产品要求，也将是现代餐饮市场最受欢迎的品种。

（三）形态

在"形态"方面，样式变化种类繁多，不同的品种具有不同的造型，即使同一品种，不同地区、不同风味流派的冷菜也会千变万化。我们这里的"形态"创新主要是在荷兰豆刀工处理时形状的创新，可以依据不同需求进行刀工处理。

通过以上知识与技能的学习，找出创新点，根据对食材的创新、技法、形态等原则，创造出新的产品，做到传承不守旧，创新不忘本。对拓展产品，要反复论证，共同研讨，不断修正，高质量地完成好产品的创新拓展，以满足不断发展的社会需求。

四、师傅指点

所有的绿色蔬菜在焯水后如何让其色泽更加翠绿，方法是在焯水的锅中加上少许食用盐和食用碱，色泽会更加鲜艳。绿色蔬菜在制作冷菜时，为了保持色彩更加鲜艳，焯水后捞出一定要浸泡在装有冷藏的纯净水的容器中凉透。

五、思考与练习

1. 金蒜还能制作哪些菜肴？请举例两道菜肴并介绍制作工艺。

2. 通过上课及扫码观看视频，独立完成蒜香荷兰豆的制作，与家人分享并形成实训报告。

任务八 糟香毛豆制作

1. 了解冷菜中糟制的制作工艺及糟制菜肴的特点。

2. 掌握植物性原料在制作冷菜时熟处理的技法。

3. 能够在老师的指导下制作各类糟制菜肴。

课件 糟香毛豆制作

任务导学

毛豆富含植物性蛋白质，又有较高的钾、镁元素含量，B族维生素和膳食纤维也比较丰富，它还具有缓解疲乏、补脾健胃、缓解便秘的功效，深得人们喜食。

糟香毛豆是传统宴席凉菜，具有清凉爽淡，满口生香的特点。

糟香毛豆的传说故事

糟香毛豆是一道以毛豆为主要食材的传统中式小吃，在中国南方地区非常流行。其历史可以追溯到清朝时期。

据传说，糟香毛豆的起源与清朝的御膳房有关。当时，御厨们在烹饪皇室御膳时，常常会用一种叫"糟"的发酵料。这种糟是由大米和多种草药经过发酵制成的，具有特殊的香气和味道。在烹饪过程中，厨师们将毛豆和糟一起加热煮熟，使毛豆吸收了糟的香味，从而制作出了糟香毛豆。

糟香毛豆最早是作为清朝宫廷食品，供皇帝和贵族品尝的。随着时间的推移，糟香毛豆逐渐传播到民间，并逐渐成为一道广受欢迎的小吃。在清朝末年和民国时期，糟香毛豆已经在南方地区的餐桌上非常常见。

如今，糟香毛豆已经成为中国传统小吃的代表之一。它的历史典故也成了人们了解中国食品文化和传统烹饪方法的一部分。无论是在家庭聚餐还是在酒楼餐厅，糟香毛豆都是一道受到人们喜爱的美食。

一、操作过程

（一）操作准备

1. 原料、调料准备

毛豆壳400克、大葱50克、生姜50克、盐20克、糖10克、味精5克、调制好的糟卤500毫升。

2. 用具准备

砧板、菜刀、电子秤、灶台、炒锅、锅盖、不锈钢盛器。

3. 工艺流程

准备原料→初加工→熟处理→浸泡→装盘。

视频 糟香毛豆制作

4.操作步骤

步骤1　原料准备及初加工

序号	步骤图	步骤图解	步骤要领
	准备材料：毛豆壳400克、大葱50克、生姜50克、盐20克、糖10克、味精5克、调制好的糟卤500毫升　①		毛豆壳减去头尾两端便于入味，便于美观　②

步骤2　煮制、卤浸

序号	步骤图	步骤图解	步骤要领
	锅里放入水、大葱、生姜、精盐、味精、少许食用油烧开，将洗干净的毛豆壳放入煮制至熟保持原料有点底味　①		将煮熟的毛豆壳捞出放入冰水里冷却，再将冷却后的毛豆壳放入装有调制好糟卤的盛器里腌泡，用保鲜膜封口放入冰箱原料在糟卤里腌泡的时间长短和原料的大小老嫩有关　②

步骤3　熟制装盘

将腌泡好的毛豆壳从冰箱取出用漏勺捞出，码在盘即可，如图3－8所示。

二、操作过程

（一）成品特点

清凉淡爽、芳香味浓。

（二）质量问题分析

1.剪去毛豆壳头尾两端，一是便于入味、二是美化菜品。

2.煮制毛豆壳时火候控制的注意事项。

3.糟制菜品的制作要求。

三、知识拓展

（一）原料

本菜为地方性传统冷菜，有着地方烹饪工艺的独特性。制作香糟味的原材料比较广泛，除了选择毛豆

图3－8　糟香毛豆

以外，还可以选择蚕豆、甜豆等口味干香、脆嫩、爽口不腻的食材来制作此菜。

（二）技法

传统的香糟卤是一种中国传统的卤水调料，它是由米酒曲、香料和调味料等原料经过发酵制成的。现代香糟卤是一种改良的卤菜烹饪方法，以独特的香糟调味料（酒酿）为基础，融合了现代人的口味和健康需求。现代香糟卤具有丰富的口感和层次感，带有独特的酱香味和微醇的酒香味。总的来说，现代香糟卤是一种融合了传统制作工艺和现代烹饪理念的美食，通过将传统的香糟调味料与现代菜肴相结合，呈现出独特的口味和风味。

香糟味型的凉菜就是运用不同的烹饪技法使原料成熟后再进行卤浸的一种方法，比如：油炸卤浸、油焖卤浸、焯水卤浸等。

（三）形态

本课制作的糟香毛豆采用抓摆的成型手法，形态的拓展主要是使用不同的手法使菜品装盘简洁自然、形态美观，也可以使用不同形态的模具装盘，达到赏心悦目的效果。

四、师傅指点

糟制冷菜就是将加热成熟的原料浸泡在调好味的糟卤里，经过长时间的浸泡入味，菜肴具有特殊的糟香味，成品质地鲜嫩。糟制品在低于10℃的温度下口感最好，所以夏天制作糟制菜最好放入冰箱，这样能使糟制菜具有清凉爽淡、满口生香的特点。

五、思考与练习

1. 毛豆焯水后为什么要用冰水浸泡？卤浸的时间及温度如何控制？

2. 通过上课及扫码观看视频，独立完成糟香毛豆的制作，与家人分享并形成实训报告。

项目四　中式冷菜制作工艺知识

一、学习目标

（一）知识目标

1. 了解中式冷菜调味的基本原理。

2. 掌握中式冷菜调味的基本程序与方法。

3. 掌握中式冷菜制作的常用方法（卤、炝、拌、酥、冻、醉等）。

4. 理解冷菜在制作过程中营养素变化的基本规律。

5. 理解冷菜营养平衡的重要性。

（二）技能目标

1. 能够运用各种调味品进行中式冷菜调味。

2. 熟练使用中式冷菜制作的常用方法。

3. 在冷菜制作过程中能够加强营养保护，促进冷菜的营养平衡。

（三）素养目标

引导学生传承中式冷菜制作工艺，促进中式冷菜制作的创新能力。

二、项目导学

中式冷菜制作工艺复杂，方法多样。学习中式冷菜调味的基本原理、调味的基本程序与常用方法，特别是学习和掌握对中式冷菜制作的十一种常用方法，是中式冷菜制作的必备基础和技能。中式冷菜制作过程中还要运用营养素变化的基本规律，保持中式冷菜的营养平衡。

本项目学习的知识内容包括：中式冷菜的调味程序与方法；中式冷菜制作的常用的卤、冻、炝、拌、酥等十一种方法；冷菜的营养平衡原理和保持营养平衡的方法。

任务一 掌握冷菜的调味程序与方法

1. 了解中式冷菜调味的基本原理。

2. 掌握中式冷菜调味的基本程序与方法。

3. 能把补充调味应用到中式冷菜的制作过程中。

任务导学

中式冷菜调味的基本作用有渗透作用、分散作用、吸附作用、分解作用、复合与中和作用，一个美味的形成，是上述多项综合作用的结果，而不仅仅是其中某一个作用的结果。中式冷菜的制作调味过程，一般以加热制熟为中心构成三阶段程式：前期调味、中程调味和补充调味，其中中程调味阶段是很多中式冷菜调味的主要阶段，每个阶段调味方法有多种。

一、中式冷菜调味的基本原理

味，泛指人对食物各种可感因素的综合感受，包括气味和口味，其中有化学性因素、物理性因素和心理性因素。食物通过人的味觉、嗅觉、触觉和视觉的感受，给人以风味的认识，而其中首要的便是味觉，"味是菜肴之灵魂"的道理就在这里。冷菜调味就是对冷菜的味感进行设计与加工，虽然中式冷菜的制作方法有很多种，调味形式也是千变万化、丰富多样，但其调味的基本作用，概括起来有以下几点：

1. 渗透作用

渗透作用，指溶剂分子从低浓度溶液经过半透膜向高浓度溶液扩散的过程，在中式冷菜调味中主要是指在渗透压的作用下，调味品溶剂向中式冷菜原料固态物质细胞组织渗透达到入味的效果，其渗透的速度和深度受渗透压作用力的影响。溶液的渗透压与温度、浓度成正比，也就是说，当溶液的浓度越大、外界环境温度越高，调味品向中式冷菜原料渗透的速度就越快，入味的速度也就越快。

渗透作用在中式冷菜的制作调味过程中被广泛运用，甚至可以说，所有中式冷菜的调味过程中都存在着渗透作用，都在运用着渗透作用，这在腌、拌、炝、醉、糟、卤等方法的运用中表现得尤为明显。

2. 分散作用

分散作用，是指一些物质分子分散成微小分子均匀分布在另一物质中，中式冷菜调味一般使用水（或汤）、液体食用油脂为分散介质，将盐、糖、味精、酱油、醋以及酱类调味品等调匀分散开来，成为一定浓度的调味品分散体系，从而达到调味的目的。其分散的浓度、速度、面积与分散相的量及温度成正比。

在中式冷菜的制作调味过程中，为了使调味料中的一些风味物质能有效而均匀地分散到介质（烹饪原料）中去，除采用不停地搅拌之外，可通过温度来促进其分散速度。但是，由于很多风味物质都是易挥发性的物质，温度越高，意味着风味物质挥发而流失的速度也就越快。因此，中式冷菜调味中经常使用的葱油、蒜油、红油和花椒油等复合调味油料，都是选用中小火而熬制的，其道理就在于此。

3. 吸附作用

吸附作用，指固体或液体表面对气体或溶质的吸附能力。在中式冷菜调味中主要指固体食物原料对调味溶剂或粉状调味料的吸附，其吸附面积和量与中式冷菜原料的表面积和体积的细密度成正比。我们在中式冷菜的制作调味过程中，经常利用吸附作用，尤其是体现在冷菜的辅助调味形式中的运用，如"椒盐生仁""葱椒鸡丝""挂霜腰果""椒盐素丝"等菜品，其花椒盐、葱椒盐和糖浆能粘裹在冷菜原料的表面，就是吸附作用的具体运用；另外，中式冷菜中调配使用供客人蘸食的调味碟，如"黄瓜蘸酱""葱油嫩鸡"等菜品，客人在食用时蘸着调味料（常用的有花椒盐、番茄沙司、辣酱油、甜面酱等）食用，也是吸附作用的具体运用。

4. 分解作用

分解作用是由一种化合物产生两种或两种以上成分较简单的化合物或单质的化学反应类型。在中式冷菜调味制作中，盐是电解质，动物蛋白质在加热条件下会发生部分水解，生成氨基酸类物质而有益于中式冷菜鲜美口味的形成；植物淀粉在加热时发生部分水解，生成麦芽糖和低聚糖，从而会产生甜的风味物质；来自动、植物脂、肽以及氨基、羰基反应生成的风味物质，通常被称为"浸出物"，有使味觉产生满足感受的作用，这种味觉满足感称之为"厚味"。

动、植物的提取物含有天然原料的完全水溶性成分，其反应相当复杂，有分解作用，同时也有复合作用，提出的液态物质我们称之为"汤汁"，含有多种氨基酸、有机酸、核酸类鲜味物质以及低分子肽和糖类物质的复杂味感，味感的纯度与厚度远高于纯化学性人工合成的调味料，味感复杂柔和而协调。其分解过程与碱类物质、水和热量有很大的关系，一般来说，植物性原料不像动物性原料那样必须在加热条件下进行，盐则能使一些物质得到更为充分的分解。

5. 复合与中和作用

复合作用是指两种以上较简单的物质结合成为一种或两种较为复杂物质的物理、化学反应过程。在中式冷菜调味制作过程中，复合作用高于一切，一切复杂味感皆离不开复合作用，复合作用具有物理反应和化学反应的双重性。在化学反应方面，由多种简单物质复合成比较复杂的新的物质，如选用鱼类原料制作中式冷菜时，在其中加适量的料酒来去腥，就是在利用酒中的羰基物质与鱼中的胺类物质复合生成氮化葡萄糖基胺，从而消除了鱼中一些不良味感，达到了调味的目的；在物理反应方面，则是多种物质的混合而形成相对比较复杂的聚合体，如中式冷菜中简单的香辣味型的调制，让盐、糖、辣椒等调味料的相加，使各种味感能在口中得到复合味的感觉，复合在热与机械力的作用下更为匀密和充分，最终使中式冷菜产生人们乐意接受的特色性美味。

中和反应是专指酸性与碱性物质的结合反应，使两类物质相互抵消的过程，这是狭义的中和反应，犹如老酵面中的乳酸与食碱中和，可以消除面团中的酸味，狭义的中和反应可以保持食物的酸碱平衡。从广义角度来说，中国传统医学中的"四性五味"，其中物料物性的冷（凉）与热（暖）相配，也属于中和反应之列，正如我们在选用螃蟹原料制作中式冷菜时，需要调配相对大量的生姜、醋或胡椒粉以及在选用蛇为原料制作中式冷菜时，需要调配相对大量的生姜、桂圆和甘蔗等，就属于广义的中和反应，因为从原料的"四性五味"角度而言，螃蟹、蛇都是冷（凉）性的，生姜、醋、胡椒粉、桂圆和甘蔗都是热（暖）性的，冷与热的中和，可以保持中式冷菜的物性平衡。

当然，在大多数情况下，一个复合美味的形成，是上述多项综合作用的结果，而不仅仅是其中某一个作用的结果。

二、中式冷菜调味的基本程序与方法

在中式冷菜的制作调味过程中，一般以加热制熟为中心构成三阶段程式：前期调味、中程调味和补充调味。

（一）前期调味

前期调味就是对中式冷菜原料在调味制作的前期，运用调味品对其添加，以达到改善原料的味、嗅、色泽、硬度以及持水性等品质的过程，这在餐饮行业中称之为"基础调味""基本调味"或"调内口""调底口"等。

前期调味主要运用于拌、腌等手法对中式冷菜原料进行腌渍，通常由几分钟到数十个小时或更长时间。一般来说，在1小时以内的为短时腌渍，在1小时以上的为长时腌渍。

1. 长时腌渍

长时腌渍指腌渍时间超过1小时者，其作用是让盐、糖等调味料渗透进入中式冷菜原料的内部，降低其水分活度，提高渗透压，借助有益微生物的活动与发酵，抑制腐败菌的生长与繁殖，从而防止中式冷菜原料的腐败变质，保持中式冷菜的食用品质，同时，形成具有腌腊特性的特有风味。腌腊品的用盐量一般在10%以上，许多卤制品也可以长时腌渍，但考虑到后面还需要加热调味，其用盐量一般小于3%，通常在1.5%～2%之间。

2. 短时腌渍

短时腌渍指腌渍时间在1小时以内者，主要是对加热前中式冷菜原料的风味改善与肌理改善，如中式冷菜中的卷类菜肴用作黏合作用的蓉（鸡蓉、鱼蓉、虾蓉等）、糕类菜肴（三色鸡糕、白玉鱼糕、双色虾糕等）以及需要上浆、挂糊的软熘、脆熘类等原料都需要前期调味，以达到去腥赋味、提高原料的水化性等目的。对采用炸、烤、蒸、煎等中式冷菜制作方法在加热过程中不能调味的菜品，短时腌渍的前期调味尤为重要，是形成这些中式冷菜风味特色的主要因素之一。不仅如此，对一些中式冷菜原料的前期调味，还可以有效地改善其组织性能，如在制作"酥烤鲫鱼""五香熏鱼"等中式冷菜时，对鱼进行适当的前期调味（用盐或酱油短时腌渍），可以加强鱼皮的弹性，也可以使鱼肉更加紧密，从而使之在炸、煎、烤、烧等加热之时，不会因为遇热收缩过快而破损和散碎；对虾仁、鱼丝、鱼片等原料采用前期调味则还可以提升其吸水性（或持水性），从而达到增加其嫩度的目的。

在餐饮行业中，通常将主要用盐的称为腌（包括以咸为主的其他腌剂，如酱油、酱品等），将腌后经过长时间风干或熏干的通称腌熏制品，如咸鱼、腊肉、风鸡、香肠、板鸭等；经过长时间腌渍后加热调味的称为卤制品，如"五香牛肉""水晶肴肉"等；以糖为主的则叫糖渍（包括蜂蜜），常见的中式冷菜品种有"蜜渍番茄""糖渍雪梨"等；以醋为主的一般称之为醋渍或醋泡，如"醋渍黄瓜""醋泡生仁"等。

用盐量依据食用方法而不同，直接食用的在3%～5%之间，风、晒保藏则需要在12.5%以上。一般来说，用于腌腊加工的溶液浓度应高于细胞内可溶性物质的浓度，这样水分就不再向细胞内渗透，而周围介质的吸水力却大于细胞，原生质内的水分将向细胞间隙内转移，于是原生质紧缩部分脱水，这种现象叫"质壁分离"，质壁分离的结果，就是微生物停止生长、繁殖活动，其溶液称之为"高渗溶液"。可见，腌腊制品在温度与剂量方面需要严格控制，这与腌渍速度与渗透压有密切的关系，剂量大、温度高，渗透压就大，速度也就快，在相等盐剂量条件下，温度每增加1℃，渗透压就会增加0.3%～0.35%。一般来说，腌渍以低于10℃为宜，如果当温度高于30℃，则原料在未腌透之前，常常会出现腐败现象。将腌渍品上下翻缸就是为了调节温度使腌渍过程达到均匀渗透的目的。

当盐溶液的浓度在1%以下时，微生物的生长不受任何影响，在1%～3%时大多数微生物的生长受暂时的抑制，当浓度达到10%～15%时，大多数微生物完全停止生长。各种微生物对盐溶液浓度的反应并不相同，如酵母菌、变形菌是10%，乳酸菌为13%，黑曲菌是17%，腐败菌为15%，青霉菌为20%。在一些腌腊制品中加糖能改善风味，糖的种类和浓度能决定加速或者停止微生物的生长作用，如果单纯用糖溶液，浓度在50%以上会阻止大多数酵母的生长，当达到65%～85%时才能抑制霉菌的生长。

（二）中程调味

中程调味即是在中式冷菜加热过程中的调味，是很多中式冷菜调味的主要阶段。该阶段的调味最具变化，更趋复杂。

1. 中程调味的作用

在中式冷菜加热过程中调味，有利于各味之间的分解、渗透、复合的反应，从而确定了中式冷菜口味的主要特征。据实验反映，一块4厘米×4厘米的方块肉在常温酱油中浸泡，很难使其内部具有咸味，如果将酱油加热至80℃，半小时左右便可使咸味渗透到肉块内部，这说明通过加热不仅能使咸味物质渗透速度的加快，还能促使更多的化合物生成，从而决定了融合口味的复杂性和协调性，不仅如此，还能增加味感振动频率，使味觉感受强烈，达到呈味的最佳效果。

2. 中程调味的方法

在中式冷菜加热过程中调味，并不是草率的、随便的或是盲目的，而是具有目的性、程序性、规律性和可控制性的。一般来说，质地需要软、细、嫩、脆、滑等的冷菜，加热快，其调味速度也快，需要调味简洁明了，一次性完成；而对酥、烂、软、糯、浓、厚等特质的中式冷菜，加热慢，其调味速度也慢，有的需要分层次进行。

（1）一次性速成调味与兑汁。将所有使用的调味料预制成混合调味剂，在加热时一次性投入达到定味成型的方法是一次性调味。这一方法在中式冷菜的制作中虽然并不十分普遍，但还是有的，如在预制卤水中的调味就是按这一方法进行的。

卤水的调味是将预熟的中式冷菜原料再经过浸煮达到预期的目的，一般来说，卤水中含有数十种甚至几十种调味料，鲜香馥郁，越陈越好，将原本无味的预熟的中式冷菜原料浸置其中，小火慢煮，使之吸附渗透达到入味，因此，卤水实际具有调和味剂的意义。由于预熟的冷菜原料已没有血水等杂物污染卤水，使卤水能较好地保持清醇浓厚的味感，以至卤制调味一次成功，无须再作过多的添加，因此，对冷菜原料加热过程中，卤水具有一次性调味的实质。

从卤水制品制作的本质来看，卤水是一种特殊的"兑汁"，预制时需要长时间加热以使香料浸出，对中式冷菜原料预熟加热的时间也稍长，这是因为要完成卤水中的呈味物质对原料内部的浸透过程，因此，加热时也需要用小火或微火，这是味逐渐渗透所必要的，这也是卤水的风味能得到最大程度保存的原因所在。如果用旺火则欲速则不达，其风味会被破坏殆尽。

（2）多次性程序化调味。在中式冷菜加热过程中具有两次以上投放调味料的调味方式就是多次性程序化调味。一般来说，在一个具有复杂调味程序的中式冷菜制作过程中，投放调味品的次数达3次或更多，但这种投放的行为并不是盲目的、无意识的，而是由客观条件所局限的，具有阶段性意义的。正常情况下，在一个完整加热调味程序中具有明显不同作用与目的差异的三个段落过程。

首先是去臭生香，就是在加热初期的煎、煸、炸、焯、烤、汆等的预熟加工中，加入一定数量的香料、辛料、料酒、葱、姜以及一些非主流性的调味料，其目的就是去除异味、提炼香味，为冷菜具有纯正完美的风味奠定基础，犹如建筑中的基础工程一样。

其次是确定主味，当前一调味阶段完成以后，在恰当的时机分别投入主流调味料，旨在基本上确定冷菜口味的主题特色，决定其味型，犹如建筑中的主体框架结构。

最后是装饰增香，就是在中式冷菜的加热即将完成时，对中式冷菜风味特色进行进一步完善加工，再次强化主体味型，美化前味的过程。这一阶段主要运用一些容易挥发或不耐光和热，但具有明显增强、辅助或补充美化主体味型作用的调味品，如鲜味剂、酸味剂、香味油等等，其目的是使中式冷菜的味道更为完善，具有完美的味觉、嗅觉，具有装饰性调味的意义，犹如建筑工程中的粉饰效果。

当然，这种分层次分批对调味品的投放是由各种调味料自身的理化性能所决定的。

（三）补充调味

补充调味，就是当中式冷菜被加热成熟后再一次进行调味的一种形式。这种调味的性质是对中式冷菜主味不足的补充，也可以叫追加调味，如"干切牛肉"上桌之前浇些麻油、醋、辣椒酱调制的复合调味汁或"变蛋"改刀装盘后淋浇香醋、麻油等即。依据不同中式冷菜的性质特征，在炝、拌、烤、蒸、氽等制作方法中，对中式冷菜不能或不能完全调味者需要加热后补充调味，以实现中式冷菜调味的完美。在中式冷菜的制作过程中，补充调味常用和汁淋浇法、调酱涂抹法、干粉撒拌法、跟碟蘸食法等方法加以进行。

1. 和汁淋浇法

就是将已经"成熟"的中式冷菜经过切配装盘后，补充调入所需要的调味品制成味汁，再重新淋浇在中式冷菜之上。这一方法的运用，主要是保持中式冷菜清鲜爽利的风味特色，多运用于炝、拌、烫等类别的中式冷菜之中，如"炝腰片""烫干丝""拌双笋""葱油海蜇"等。

2. 调酱涂抹法

就是将经过煎、炸、烤等方法制熟的中式冷菜，再涂抹上预先调制的类似糊酱的调味品，如南乳酱、甜面酱、沙拉酱、苹果酱、芝麻酱等。这种方法在中式冷菜的调味制作中的运用也非常广泛，如特色冷菜"葱烤鳗鱼""果味鱼条""西式鸡翅"等。

3. 干粉撒拌法

就是将所需干性粉粒状调味品撒在已经加热制熟的中式冷菜上，经拌匀入味的一种方法，如花椒盐、糖粉、卡夫芝士粉、椒味盐、胡椒粉等，主要是突出冷菜的干、香、酥、脆或外脆里嫩的爽朗风格。

4. 跟碟蘸食法

即是将所用的调味料装在调味碟中，随中式冷菜一起上桌，由客人自己蘸食的一种方法。在现在的就餐形式中，中式冷菜采用跟碟蘸食法进行调味制作的形式极为普遍，所能使用的调味品多种多样，其形式也是丰富多彩，有一味一碟的，也有多味一碟的，还有多味多碟的，这种形式最为灵活多变，完全可以满足客人各自不同的口味需求，有时还可以随客人自己的特殊需求自行调制。所用的调味料几乎包括液体、固体、半固体调味料和单一味、复合味等。

思考与练习

1. 举例说明中式冷菜制作调味的基本作用。

2. 中式冷菜的制作调味需要注意什么？

任务二　掌握中式冷菜制作的常用方法

学习目标

1. 掌握中式冷菜制作的常用方法。

2. 掌握卤、冻制作方法的内涵，能描述卤、冻的多种方法。

3. 能讲述腌、泡、拌、炝、蒸、烤等烹饪方法在中式冷菜制作过程中的具体应用。

任务导学

中式冷菜调味的基本方法有很多种，这里介绍了卤、冻、熏、酥、腌、泡、挂霜、炝、拌、蒸、烤等十一种传统的方法。熟悉并掌握中式冷菜制作方法的操作要领，做到融会贯通、灵活创新，能够促进烹饪传统技艺的传承及创新发展。

从传统意义上讲，中式冷菜的制作，从色、香、味、形、质等诸多方面，与热菜相比较有所不同，中式冷菜的制作具有其独立的特点，与热菜的制作有明显的差异。当今，随着人们交流活动的频繁以及民族的大交融，客观上也在促进烹饪技艺的飞速发展，现在很多热菜的制作方法都开始挪用到中式冷菜的制作上，因此，近年来中式冷菜的制作方法有了很大的拓展，制作中式冷菜的空间也有了很大的突破。在这新的历史背景条件下，这就要求我们既要熟悉并掌握传统的中式冷菜制作的常用方法，同时，也要熟悉并掌握新的中式冷菜制作的方法，并做到融会贯通、灵活运用。

一、卤

卤是将经过加工整理或初步熟处理的原料投入事先调制好的卤汁中加热，使原料成熟并且具有良好香味和色泽的中式冷菜的制作方法。

卤法是制作中式冷菜非常常用的方法之一，加热时，将原料投入卤汤（最好是老卤）锅中，用大火烧开后改用小火加热，使卤汁中的调味料慢慢地渗入原料，待原料成熟或至酥烂时（此时原料也已经完全入味），将原料提离汤锅。卤制好的冷菜，冷却后宜在其外表涂上一层油，这样，一来可以增香，二来可以防止原料外表因风干而收缩变色。如果我们使用的是质地较老的原料，可以在卤锅离火后（或将火关闭）仍将原料浸在卤汁中，随用随取，这样既可以继续增加（至少保持）成品的酥烂程度，又可以使其进一步入味。

按卤菜的成菜要求，通常将卤法的操作过程设计如下：原料→经过初步加工整理→腌渍→浸洗→调制卤汤→投放原料→旺火烧开→小火成熟、入味→捞出冷却。一般来讲，用于腌渍食物原料的卤水叫"生卤水"，有血卤和清卤之分，用盐和香料腌渍食物原料，由于盐的渗透会使动物性原料的体液析出而汇集的血水叫"血卤"，将血卤下锅用中小火慢慢加热使血液凝固漂浮于水面再将其清除后的卤水称之为"清卤"，用其腌渍原料可以减少体液的外析量，使腌渍后的原料保持柔软湿润的品质特征，同时又可以缩短腌渍所需要的时间；将原料浸置其内，用于加热制熟原料并赋予其一定风味特色的卤水即为"熟卤水"，它既是传热介质，又可以通过自身的滋味对食物原料进行调味，相当于一种特殊的调味兑汁，其用料配方很多，因地制宜，各有特色。

我们从卤制中式冷菜的基本程序完全可以看出，要制作好卤菜，首先是调制好熟卤水。因为有些卤菜不需要预先经过生卤水腌渍而直接放入熟卤水中卤制成菜，甚至可以说，卤制菜肴的色、香、味完全取决于卤汤，因此，我们在调制卤汤时，其质量的优劣就决定着卤菜制品质量的好坏。餐饮行业通常把汤卤分为两种，即红卤和白卤（亦称清卤）。由于地域性的差别和口味习惯上的差异，各地调制卤汤时的用料不尽相同。我们通常用红酱油、红曲米、黄酒、葱、姜、冰糖（白糖）、盐、大茴香、小茴香、桂皮、草果、花椒、丁香、草果、香叶等调制红卤（部分香料如图4—1所示）；常用盐、葱、姜、料酒、桂皮、小茴香、花椒等制作白卤，白卤俗称"盐卤水"。总的说来，红卤的味道要浓郁些，白卤的滋味要清淡些。因此，秋冬季节用红卤多些，春夏季节用白卤多些；动物性原料用红卤多些，植物性原料用白卤多些。无论红卤还是白卤，尽管其调制时调味料的用量因地而异，但在制作卤制中式冷菜时有一点是共同的，即在投入所需要卤制的原料时，应该先将卤汤熬制一定的时间，让调味香料中的风味物质有一定的程度已经融入卤汤中，然后再投入所需要卤制的原料，这样才能使卤制中式冷菜的香味更浓、滋味更厚。

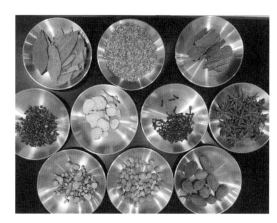

图4—1　香叶等10种香料

其次，在原料入卤汤卤制之前，要先除去其异味和杂质。动物性原料一般都带有一定程度的血腥味或人们不愿意接受的其他异味，如羊肉的膻味，牛肉的臊味、狗肉的土腥味、大肠的臭味等，因此在卤制这些原料之前，我们通常要对这些原料进行焯水或油炸等方法加以预先处理，尤其是高温的油炸，一来可以除去原料的异味，二来可以使原料上色。

再次，要把握好卤制品的成熟度，使卤制中式冷菜的成熟度（质地的老嫩、酥烂等）恰到好处。我们在制作中式冷菜时通常是大批量进行生产，一桶卤水往往要同时卤制几种原料或数个同种原料。不同种的原料之间的物料性状（大小、老嫩、成熟的难易程度、入味的难易程度、上色的难易程度等）差异很大，即使是同种原料，其个体特性也存在着一定的差异性，这就给我们在操作时带来了一定的麻烦和难度。因而，在操作的过程中，我们首先要辨别和鉴定原料的质地，将质地较老的原料置于卤锅的底层，质地较嫩的原料置于卤锅的上层，以便质地较嫩的原料卤好后随时取出，质地较老的原料置于卤锅中可以继续卤制；二是要掌握好各种原料的成熟要求，既不能过老，也不能过嫩（这里的老嫩，并非指原料的质地，而是指原料加热时火候的运用程度）；三要注意原料在加热过程中的焦煳现象，如果卤制一锅原料很多时，在加热过程中原料很难或不便上下翻动，尤其是胶质蛋白含量较高的动物性原料，在经过长时间的加热过程中会出现底层原料结底、焦煳的现象，为防止这一现象的发生，可以预先在锅底垫上一层竹垫或其他衬垫物料，如葱、姜、药芹、竹叶、荷叶、粽叶等，这样既可以增加卤菜的香味，同时也可以起到隔离原料从而防止其结底、焦煳，可谓是一举多得；四要熟练掌握和运用火候，要根据原料的特性和成品的质量要求，灵活并恰当地选用火候，一般来说，卤制菜品时先用大火烧开再用小火慢煮，使卤汁的香味慢慢地渗入原料之中，从而使卤菜具有良好的香味，具有细嚼耐品的风味特色。

在制作卤制中式冷菜过程中，是否使用老卤也是卤制中式冷菜成功与否的一个关键。所谓"老卤"，就是经过长时间使用（卤制菜品）而积存下来的汤卤，这种汤卤由于多次加工过同一种原料或多次卤制过多种原料，并经过了很长时间的加热或摆放，其香味浓郁，质量品质相当高。因为原料在汤卤中经过长时间的加热过程中，其中的鲜味物质以及一些风味物质逐渐地溶解于汤卤中并且越聚越多而形成了香味浓郁的复合美味。使用这种老卤来卤制菜品，会使中式冷菜的营养价值和风味大大提高，香味倍增，因而学会对于老卤该怎样使用和保存也就显得十分重要。通过对老卤多年使用经验的积累和总结，老卤的使用和保存应该注意以下几个方面：第一，要及时清理，卤水每次使用过以后，都要用细筛或纱布进行过滤，清除汤卤中的渣滓和油脂，勿使老卤因聚集过多的残渣而形成沉淀或油脂的氧化而酸败变质；第二，要定期添加香料和调味料，使老卤的口味始终保持一致并使其保持浓郁的香味；第三，取用老卤要用专门的工具，防止老卤在使用过程中因取用方法不当遭受污染而腐败变质；第四，存放的卤水要定期烧煮，这样可以相对延长老卤的存放时间；第五，要选择适当的器皿盛装卤水，如用砂制或陶制器皿，忌用铁器、铜器和铝器等金属制品盛装卤水，以免卤水对金属的腐蚀生锈而影响卤水的质量。

图4—2　卤鸡爪

"卤"在中式冷菜的制作中使用非常广泛，甚至可以说，卤是制作冷菜方法中最具代表性的一种，难怪人们常用"卤菜"来作为"冷菜"的代名词。卤，其原料的适用范围也很广，当然更多使用的是动物性原料，如：鸡、鸭、鹅及其蛋类和畜类以及其各种内脏等；其料形一般以大块或整形为主，原料则以鲜货为宜。如果用的是肥嫩的禽类，要求断生即熟；如果用的是畜类，则要求柔软并略带韧性；如果用的是嫩茎类蔬菜，又要求鲜脆柔润。一般来说，水生动物不宜用来卤制菜品。常见的卤菜有："卤鸡爪""卤猪肝""卤鸭舌""卤牛肉""卤猪耳""卤鸭""卤鸡蛋""卤猪肚""卤毛肚""卤香菇""卤猪心""卤手剥笋"等等，卤鸡爪如图4—2所示。

二、冻

冻，亦称"水晶"，系指用猪肉皮、琼脂或鱼胶等原料经过蒸或煮制，使其充分溶解，再经冷凝冻结形成中式冷菜的一种方法。

制冻的方法一般分蒸和煮两大类，其中以蒸法为优，因为冻制菜品通常的质量要求是：晶莹透明，软韧鲜醇。蒸法是在加热过程中利用蒸汽传导热量；而煮则是利用水沸后的对流作用传导热量。蒸可以减少沸水的对流，从而使冷凝后的冻更加澄清、更加透明。

目前，餐饮行业中加工冻制风味菜品的常用方法有三种类型。

1. 肉皮胶冻法

用猪肉皮熬制成胶质液体，并将其他原料混入其中（通常有相对固定的造型），使之冷凝成菜的方法称为肉皮胶冻法。在实际操作过程中，我们根据其加工方法的不同又可以分为花冻成菜法和调羹成菜法（或盅碟成菜法）。所谓花冻成菜法，就是将洗净的猪肉皮加水小火煮至极烂（熬至肉皮完全融化），加入调味品，淋入蛋液（也可以掺入诸如干贝末、熟虾仁细粒等），并调以各色蔬菜细粒，然后经过冷凝成菜。成品具有色彩艳丽、美观悦目、质地软韧、口味滑爽的特点，如"五彩皮糕""虾贝五彩冻"等；调羹成菜法（或盅碟成菜法）是指在冷凝成菜过程中需要借助小型器皿，如调羹、盅碟或小碗等，制作时，取猪肉皮洗净熬制成皮汤，将皮汤置于小型器皿中，再放入加工成熟的鸡、虾、鱼等无骨（或软骨）原料，按一定的形状摆放好，经过冷凝成菜的一种方法，用此法加工的冻菜，除猪肉（用于制作水晶肴肉）外，原料一般都加工成丝状、小片、小丁或米粒状等，因为器皿本身就是小型的，这样才能协调，另外，调味亦不宜过重，以清淡味型为主。这种方法在饮食行业中使用较为普遍，如"水晶鸡丝""水晶虾仁""水晶鸭舌""什锦水晶蛋"等，水晶虾仁见图4-3。

图4-3　水晶虾仁

皮冻成菜的先决条件是皮冻的制作。我们在制作这类中式冷菜时，首先要将肉皮彻底洗净，达到无毛、无杂质、无油脂，因此在熬制皮冻前，先要将肉皮焯水，然后将肉皮两面刮洗干净，再改刀成小条状入锅加热，便于熟烂；其次，熬制皮汤时，要掌握好肉皮与水的比例，一般以1∶4为宜。若汤水过多，则冻不结实，若汤水过少，则胶质过重，韧性太强，透明度也不高，因此，肉皮与水的比例把握得如何对皮冻的质量会产生直接的影响。

皮汤冷凝成皮冻后，一般以透明或半透明为主，所以，在熬制皮汤时除了用盐、味精、葱结、姜厚片（最好用葱姜汁）以及少量的料酒外，一般不用有色的调味料，如酱油、各种酱品、黑胡椒粉、桂皮、八角、丁香等，以防止因使用有色调味料而影响皮冻的成色。只有当皮汤熬制好以后，再根据成菜要求添加所需的调味料，一般以咸鲜味为主。

2. 琼脂胶冻法

琼脂，学名石花菜，俗称冻粉。此法系指将琼脂掺水煮溶或蒸溶后，浇在经过预熟的原料上，冷却后使其成菜的方法。琼脂冻与皮冻比较，具有不同的质地和口感。通常情况下，琼脂冻较为脆嫩，缺乏韧性，所以琼脂冻一般用于甜制品制作的较多；有时也用于花色冷盘的衬底或掺入其他原料作冷菜的刀面原料。琼脂冻类的菜品操作比较简便，成菜具有色泽艳丽、清鲜爽口的特点。琼脂冻的操作要领体现在以下几个方面：（1）我们所用的琼脂一般为干制品，使用前必须用清水浸泡回软后漂洗干净，再放清水煮化或蒸溶。如果干琼脂不用清水浸泡回软后漂洗干净，除了很难煮溶或蒸溶而影响成品质量外，还会影响其色泽和透明度。（2）掌握好琼脂与水的比例，这是非常重要的。一般地说，琼脂都要加水熬制成冻，这就有个比例问题，如果水加多了成品不容易凝结成冻；如果水加少了成品质老且容易干裂，同时口感欠佳。琼脂与水的比例一般控制在1∶10左右为宜。（3）掌握好火候，尤其是采用煮溶的方法，如果火力过大，琼脂液容易糊焦，琼脂冻则色泽发灰变浅，使其透明度降低。

根据用途不同，琼脂在熬制后可以添加一些有色液体原料（或遇水立即溶化的固体原料），以丰富菜品的色彩。例如，倘若要制作"海南晨曲""海底世界""三潭印月""虹桥风光""金鱼戏莲"等花色冷盘，可以将绿色菜汁加入熬化的琼脂液中搅匀，倒于盘中使之冷凝，近似于海水或湖水；也可以将可可粉或咖啡调入熬化的琼脂液中，使之凝结成褐色的冻，用于花色冷盘切摆的刀面。

若无特殊用途，琼脂冻类中式冷菜通常要借助于一定的成形器皿来完成，例如"草莓琼脂冻""牛奶琼脂果杯""蜜瓜果冻""双色水果杯""水晶西瓜球""什锦水果冻""五彩鸡丝冻"等，这类中式冷菜的调味一般以甜味居多。

3. 鱼胶冻法

鱼胶冻法，就是将鱼皮（或鱼鳞、鱼胶粉等）按一定的比例掺水煮溶或蒸溶后，浇在经过预加热成熟的原料上，冷却后使其凝冻成菜的方法。这一方法与琼脂胶冻法极为类似，只是鱼胶冻的韧性要比琼脂冻更足一些，不容易断裂，便于成形，用于花色冷盘，切割成刀面的效果比琼脂冻要好；但鱼胶冻的透明度要比琼脂冻差一些。

从烹饪工艺角度而言，鱼胶冻的制作方法有两种。一种是用洗净的鱼皮（如青鱼皮、草鱼皮、鳜鱼皮、鲫鱼皮、鲈鱼皮、鲨鱼皮等）或相对较大的鱼鳞（如鲫鱼鳞、草鱼鳞、青鱼鳞）与适量的水熬制（或蒸制）而成，这种方法比较传统，我国古代制作鱼胶冻就是选用鱼鳞来进行制作的，当然，在制作过程中，为了尽量减少鱼鳞（或鱼皮）本身给人们带来的不愿接受的腥味并增加诱人的香味，除了需要严格的初步加工（如搓揉、漂洗、焯水等）以外，还可以适当加一些葱、姜、绍酒等。虽然在制作过程中，其程序比较烦琐、复杂，但成品质量（包括口感、味道、香味、透明度、营养价值等）要远比用鱼胶粉制作的要好；另一种方法就是用鱼胶粉与水按一定的比例掺和煮溶或蒸溶而成，这种方法比较现代，其操作程序也相对比较简单，但鱼胶粉本身带有一定异味，且透明度也不是很好，因此，用鱼胶粉制成的鱼胶冻来制作的冷菜，更多地适宜用于味道比较浓烈或色泽较重的中式冷菜类型，所以，我们常用有色调味料进行调味，如"香辣鱼冻""绝味鱼鲞"等。

总之，冻制菜品是中式冷菜制作中常见的一种形式。适合于冻法成菜的原料很广泛，一般来说，大多数无骨细小的动物性原料适宜用肉皮胶冻成菜法进行制作；大多数植物性原料，特别是水果类原料适用于琼脂胶冻法制作；而味道浓烈或色泽较重的菜品，适用于用鱼胶冻法进行制作。

三、熏

所谓熏就是将经过腌制加工的原料，经蒸、煮、卤、炸等方法加热预熟（或直接将腌制入味的生料）置于有米饭锅巴、茶叶、糖等熏料的熏锅中，加盖密封，利用熏料烤炙后不充分燃烧而升发出的烟香和热气熏制成菜的方法。

熏烟是植物性材料而不含树脂的阔叶树（如山毛榉、赤杨、白杨、白桦、樟树等）叶、茶叶、竹叶，以及松枝、柏枝等缓慢燃烧或不完全氧化产生的蒸汽、气体、液体和微粒固体的混合物。较低的燃烧温度和适当的空气供应是缓慢燃烧的必要条件。我们在熏制菜品时，燃烧温度在340～400℃以及氧化温度在200～250℃之间所产生的熏烟质量最好，但在实际加工过程中要把燃烧过程和氧化过程完全分开是难以做到的，因为烟熏放热过程使食物原料在热作用下才能成熟，并附着熏烟的一些挥发性物质而形成特有的熏烟（烟香）风味。

熏制中式冷菜的原料多用动物性及海味原料为主，如猪肉、鸡、鸭、鱼及蛋类等，极少数的植物性原料也可用于此法制作，熏制的原料一般都是整只、整块或整条的。熏制前原料一般要经过水烫卤制或加味煮制、腌味蒸制等方法进行处理。根据原料的性质，烟熏分为生熏和熟熏两种；根据使用工具的不同，烟熏分为室熏、锅熏和盆熏，室熏多用于食品加工，而在餐饮行业更多的是采用锅熏和盆熏这两种。无论是采用锅熏或是盆熏，生熏还是熟熏，它们制作的基本程序是极为类似的，一般操作过程是：熏锅内撒匀适量的糖、茶叶、锅巴→置熏架→铺上葱→排上需熏原料→加盖→置小火→原料翻身→再熏制→在其外表涂抹一层麻油。

为了使熏制菜品具有特殊烟香味，并使其色泽光亮，我们应该注意以下几点：

1. 原料腌制入味后在熏制前要用干净布吸尽水分，保持原料表面干爽状态，否则会影响熏制菜品的质量，尤其是色泽上（难上色和上色不均匀）。

2. 原料应保持在高温下熏制，如果温度较低，原料在熏制时不容易上色，同时，烟香味也难渗入原料内部。

3. 当多种原料在熏制时，原料在摆放时相互之间要有间隔，不宜过紧，更不能相互重叠，以确保原料受熏均匀，上色一致。

4. 在熏制过程中要保持恒温和密封，以防熏烟散失。

5. 原料熏制成熟后，要在菜品的外表涂抹一层食用油（最宜用麻油），以增加菜品的香味，并保持熏制中式冷菜的表面油润光亮。

6. 在实际操作过程中，我们可以运用湿茶叶或湿木屑为熏料，以起到控制熏制温度，减缓燃烧的速度，以便产生更多的蒸汽和熏烟。

7. 为了使菜品具有喜人的棕红色或枣红色，并使其焦糖风味有显著的增加，我们可以在原料的表面涂抹酱油、饴糖水或酒酿汁助色。

这里特别值得提出的是，熏类中式冷菜虽然以风味独特而著称，然而，熏料处于高温中的焦煳状态（在400℃燃烧温度的条件下最适宜形成高含量的酚类物质），散发出的气体中会有硫化物、3，4—苯并芘等影响人体健康的物质（致癌），所以应该控制熏类中式冷菜的运用。为了使熏类菜品对人体健康的影响降到最低，我们可以采取以下措施：

1. 熏料适宜用糖、茶叶、米饭或锅巴等，而不宜用锯木屑、糠等非食用性原料。

2. 熏料的用量降到最低，即熏料的数量恰好能将菜品熏制成为宜。

3. 熏制时尽量保持恒温，勿使熏料过分焦煳，只要使熏料刚烧透即可。

4. 在熏制过程中，熏架上要铺放一层葱、蒜或药芹、竹叶等物料，这样既能增加菜品的风味（香气），又能缓和熏烟中有害物质对人体健康的影响。

5. 严格控制熏制的温度和时间，中式冷菜以浅棕褐色为宜，因为在中式冷菜的摆放过程中，空气的氧化作用会使其颜色加深。

6. 菜品熏制成后，要趁热用湿毛巾擦干水，因为菜品表层的稠状混合物不溶于水而溶于脂肪。

熏制菜品以其烟香味独特而受到人们的青睐，常见的品种有："生熏白鱼""毛峰熏鲥鱼""烟熏猪脑""樟茶鸭子""烟熏河鳗""烟熏鸽蛋""烟熏仔鸡""烟熏鸡翅""烟熏猪尾"等。烟熏香肠和茶香鱼块见图4—4、图4—5所示。

图4—4　烟熏香肠

图4—5　茶香鱼块

熏的用法

熏法由来已久，在实际操作过程中，习惯上认为熏常用于三个方面：

（1）用来加工干制或腌制原料，便于食品保藏。由于熏类制品具有独特的风味，且需要经常性的供应，为了使这类原料的保质期能够得到有效的延长（因为烟熏过程本身可以去除原料中的部分水分，同时，熏烟所含的酚、醋酸、甲醛等物质渗入食物原料内部能有效地抑制微生物的生长与繁殖），故而采用此法加工，如各式腊肉、火腿（有的品种）、鱼、鸡、鸭等。

（2）用来加工制作热菜。

（3）制作中式冷菜。经过熏制的菜肴有较明显的烟香味，可以增加菜肴的主味，同时熏制的菜肴无汁、干香，非常适宜佐酒。

四、酥

酥是原料在以醋、糖为主要调味料的汤汁中经中小火长时间加热，令主料骨酥肉烂、味浓香醇的一种方法，这也是制作中式冷菜非常常用的方法之一。

酥法主要有两种形式：一种是硬酥，就是原料要预先经过油炸后再酥制的一种方法；另一种是软酥，就是原料不过油而直接将原料放入汤汁中加热处理的一种方法。可以用酥这一方法来制作冷菜的原料很多，如肉类、鱼类（尤其是小型鱼类）、虾、蛋和部分蔬菜均可作为酥制原料。酥制的主要环节在于制汤，其味型也是丰富多样，除以烧煮菜肴的基本味作为基本调味外，还可加入如五香粉、香辣粉或其他香料等调味料。

酥制的中式冷菜通常都是相对批量制作生产，其成品要求达到酥烂，就连带小骨的原料其骨头可以直接食用，这无疑对火候的掌握提出了很高的要求。为了使成品达到应有的质量标准，在制作过程中应该符合以下几点要求：

1.铺加衬垫物，以防止原料粘锅。制品本身就很酥，在酥制中式冷菜过程中不可能经常性地翻动原料，有些原料甚至从入锅开始直到出锅根本就无法翻动，而酥制又是一个较长时间加热的过程，虽然使用的只是中小火，如果不采取使原料与锅相隔离的措施，原料一旦粘锅就会焦煳，从而影响酥制中式冷菜的质量，尤其是香气和味道。在实际操作过程中，我们常用的衬垫物除了竹垫、藤垫以外，还可以选用具有一定香味的葱、药芹、蒜头、洋葱等原料，以达到去腥增香的目的。

2.原料和汤水的投放比例要准确，以免影响中式冷菜滋味的醇厚度。酥菜制作的时间一般较长，所以，汤水的投放量比其他类的菜品要略微多一些，刚开始加热时，以汤水略高于原料为度，即原料能够浸没在汤水中。

3.必须在中式冷菜彻底凉透后才能起料，因为酥制中式冷菜讲究的是酥烂，这样，一是为了保持中式冷菜形态的完整性，因为中式冷菜在低温下其形状受外力作用相对较小，不容易遭到破坏；二是中式冷菜在冷却过程中会继续吸卤，使酥制中式冷菜更加入味、酥烂。

酥制中式冷菜美味可口，常见的菜品有："酥香鲫鱼""酥脆海带""酥卤鹅肝""酥香排骨""酥香带鱼"等。

五、腌

腌是将原料浸渍于调味卤汁中，或采用调味料涂擦、拌和排除原料水分和异味，使原料入味并使某些原料具有特殊质感和风味的一种方法。

在腌制过程中，主要调味品是盐。腌制成菜的菜品，植物性原料一般具有口感爽脆的特点；动物性原料则具有质地坚韧、香味浓郁的特点。腌制的原料一般适用范围较广，大多数的动、植物性原料均适宜于此法成菜。

在实际操作过程中，腌一般可以分为盐腌、醉腌和糟腌三种形式，这里之所以未将其他书籍中出现过的风腌、腊腌等纳入其中，是因为风腌、腊腌仅仅是一种食物原料初步加工的方法，而不是冷菜的成熟制作方法，经过风腌、腊腌的原料尚需经过蒸、煮、烧或煨等方法加热后方可成菜。至于拌腌，其本质内涵仍然是盐腌。

1. 盐腌

将盐放入原料中翻拌或涂擦于原料表面的一种方法。这种方法是腌制的最基本方法，也是其他腌法的一个必经工序。盐腌法在人们的日常饮食生活和餐饮企业厨房中得以经常运用，盐腌过程中的很多细节容易被人们所忽视，尤其是卫生、安全因素，在实际操作过程中，要注意原料必须是新鲜的、卫生的和安全的，并要准确地把握好用盐量。经过盐腌的原料，水分溢出，盐分渗入，可以保持菜品清鲜爽脆的口感。常见的盐腌中式冷菜有"酸辣黄瓜""酸辣白菜""姜汁莴笋"等。"酸辣折菜"如图4-6所示。

图4-6　酸辣折菜

2. 醉腌

以酒和盐为主要调味料，调制好卤汁，将原料投入到卤汁中，经浸泡腌制成菜的方法，即酒醉之意。用于醉腌的原料一般多是动物性原料和极少量的嫩茎植物性原料，通常是禽类和水产类居多，依据用料的预热与否，又可以分为生醉（用生料直接醉腌）和熟醉（原料预加热成半成品后再醉腌）。一般来说，水产品（如虾、蟹、蛤、贝）及嫩茎植物性原料，多用生醉；而肉、禽、鱼等原料，则多用熟醉。醉腌制品按调味品的不同又有红醉（用有色调味品，如酱油、红酒、腐乳等）与白醉（用无色调味品，如白酒、盐等）之别。醉腌的浸卤中咸味调味料的用量应重一些，尤其是生醉，醉的时间较长，大约需要5~15天，故需盐量增加，以确保菜品能够入味的同时，还要防止原料的腐败变质；而熟醉往往以12~24小时为度，仅使醉料肉质松嫩、酒香浓郁，而无腐败之虑，故盐量不必过重。常见的中式冷菜有："醉蟹""醉鸡""醉虾""醉鲜蛏""酒醉银鱼"等。"醉蟹"和"醉鸡"如图4-7和图4-8所示。

图4-7　醉蟹

图4-8　醉鸡

3. 糟腌

是以盐及糟卤作为主要调味卤汁腌制成菜的一种方法。糟腌之法类同于醉腌，它们原理相近，故有人称糟亦是醉，醉亦是糟。不同之处在于糟腌用的是酒糟卤（亦称香糟卤），而醉腌则用的是酒（或酒酿）。酒糟是酒渣经过进一步加工而成的香糟，一般酒精含量在10％左右，并且有与酒不同的风味，如红糟有5％的天然红曲色素，有的酒糟则掺15％~20％的熟麦麸与2％~3％的五香粉混合而成。因此，虽然糟腌和醉腌在方法、原理和作用上是相同的，但是，它们两者之间的风味是完全不一样的。

香糟对于生原料的糟制，往往由于菌力不足而不能使之充分致变"成熟"，因而常用于糟腌方法的原料还需要其他加热制熟方法加以辅助，如蒸熟、煮熟、氽熟等；若欲直接将原料糟制"成熟"，还需借用酒的功能，纯粹的糟是难以致变奏效的。因此，可以说凡糟法需借用多量的酒，这是糟腌法的一个特点。

中式冷菜中的糟制菜品，一般多在夏季食用，因为此类菜品清爽芳香，故而"糟风爪""糟卤毛豆""红糟仔鸡""糟蛋""糟猪手""糟猪尾"等均属于夏季时令佳肴。"糟卤毛豆""香糟风爪"如图4—9和图4—10所示。

图4—9　糟卤毛豆　　　　　　　　　　图4—10　香糟风爪

===== 知识和能力拓展 =====

腌渍的方法

对腌腊制品的加工，一般要将盐、糖、酒、香料、辛辣料、助鲜剂、发色剂和致嫩剂等配置成混合剂使用，依据腌渍时的干、湿程度，有干腌渍、湿腌渍与混合腌渍等三种方法。

1. 干腌渍法

干腌渍法，是将腌渍剂直接干抹或揉擦在原料上，使原料中的苦涩异味或血腥之水析出，然后风干形成腌腊风味。在采用干腌渍法制作过程中，应特别注意将腌渍混合剂干抹（或揉擦）在原料上时要均匀擦透和擦遍原料的每一个部位，否则会导致原料腐败变臭。干腌渍的原料一般不需要洗涤，若洗涤，一定要将水分晾干，表面生水过多容易使原料变质，明显影响腌渍制品的质量。如特色中式冷菜中的"干风黄鱼""风鸡""水晶肴蹄""板鸭""五香萝卜干""糖醋白菜"等，就是采用干腌渍法而制作的。

2. 湿腌渍法

湿腌渍法，就是将原料直接浸入腌渍溶液中进行腌渍的一种方法。它能有效地防止原料因过分脱水而产生的干、老、硬、韧等不良口感，湿腌渍法之所以能有效地保持原料的鲜、脆、嫩等质感，是由于在腌渍过程中，原料在脱水的同时又吸入新的水分，从而保持了原料内含水量的动态平衡。如常见中式冷菜中的"酸辣渍藕片""醉蟹""咸鸭蛋"等就是采用这一方法制作而成的。

3. 混合腌渍法

混合腌渍法，就是将原料先干腌然后再湿腌的二次性腌渍的方法。混合腌渍法是比较精细腌渍的一种方法，能较好地实现干、湿两种方法分别达到的效果，并能很好地实现原料内外口味的一致性。一般来说，用于第二次腌渍（湿腌渍）的混合腌渍剂是具有"陈卤"性的风味物质或是浆状混合酱制剂，这使中式冷菜的风味特色更为纯正和醇厚。因此，高品位卤水中式冷菜都需要二次"陈卤"的腌渍过程，如"盐水鸭""盐水鹅""酱牛肉""卤水牛肚"等。

六、泡

就是将新鲜的蔬菜放在一定浓度的盐溶液中浸泡，利用乳酸菌发酵至"熟"成菜的一种方法，泡即浸泡之意，其成品统称为"泡菜"。制作泡菜的盛器是特制的坛，为凹槽式细小口大颈肚平底构造，与糟菜坛、醉菜坛不同的是其凹口处可以用水封口，上加盖碗，具有良好的密封性能。

泡菜是四川与延边地区的特色中式冷菜菜品之一，成菜具有不变形、不变色、咸酸适口、微带甜辣、鲜香清脆的特点。其制作一般有制盐水、出坯、装坛泡制三道工序。

1. 制盐水

泡菜质量主要取决于盐水质量，一般盐以纯度高为好，水则必须经过沙缸过滤，并忌用塘水和沸水，因为塘水杂菌较多，沸水则缺少无机盐，皆不利于乳酸菌的生存和繁殖。盐水通常分为出坯盐水和泡菜盐水两类。

（1）出坯盐水：即对原料进行初步腌制的盐水，其浓度一般为1∶5，过滤后使用，并可以连续使用，但每次需要补充盐水比例并进行过滤。

（2）泡菜盐水：用于泡制原料的盐水，可分为五种：

① 接种盐水，含有较多的菌种。

② 新盐水，川盐加清水搅拌溶解，澄清后取清亮溶液，可根据需要加入其他调料，并可加适量的接种盐水加速乳酸的发酵。

③ 浸蘸盐水，是临时配制、边泡边吃的盐水，也可以加一定的接种盐水。

④ 陈盐水，一般来说，存放与使用500天以上的盐水就是陈盐水。

⑤ 老盐水，存放与使用两年以上的盐水。

用于制盐水的辅助原料，一般有干酒、绍酒、醪糟汁、干红椒、甘蔗、红糖以及草果、花椒、八角、山柰、胡椒等香料。各种盐水不宜混装，若暂时不用，可酌加助料、香料分别保存。

2. 出坯

原料装坛泡制前用出坯盐水预腌，并上压重物，使盐水渗透原料内部，部分水分析出，有杀菌、褪色、定型和去异味的作用。泡菜原料一般选用新鲜的时令蔬菜，且要求质地脆嫩、成熟度适当、品质上乘者。由于各种原料的品质不同，故出坯时间也不一样，如芋芳、大蒜、萝卜等需5~7天，豇豆、四季豆需1~2天，而卷心菜、包菜、芹菜等仅需1~2小时。

3. 装坛泡制

有两种常用方法

（1）分层装坛：将原料与盐、糖、香料等分数层装入坛中，灌注盐水后封口，浸泡至透。

（2）浸渍装坛：直接将原料泡入有盐水的坛中，封口浸渍至入味，一般现泡现吃。

图4—11　泡菜

泡菜制成后有多种食用方法，如"泡仔姜"，可撕成粗条吃本味；也可以切成细丝用清水漂去咸味，再用糖、醋、麻油、泡红椒和原盐水拌食；还可以切成丝或片，装入盛有糖、醪糟汁、醋等调制汁的器皿中浸渍数小时以后食用，味可以多变，如酸甜味、玫瑰味、甜辣味等。泡菜在餐饮企业中，更多地作为小调味碟使用（调剂口味），一般不作为单个中式冷菜使用，泡菜样式如图4—11所示。

七、挂霜

就是将小型原料加热成熟后投入热溶糖浆中拌匀，出锅迅速冷却，使糖重新结晶，在原料外表包裹上一层洁白糖粉的方法称为挂霜。

挂霜的实质是利用糖溶化后晶核生成，重新结晶凝结的原理，使原料表层粘凝上霜状糖粉。制作时，首先要将糖用水加热溶解成饱和溶液，在一定的温度和浓度下，在糖液所含水分的逐渐减少中重新结晶。

在温度20℃时，每100克水可溶解白砂糖203.9克，随着温度的升高而溶解度加大，当温度达到100℃时，可溶解487.2克，此时即为饱和溶液，当超过这个限度即为过饱和溶液，其能生成多量晶核，温度下降则溶解度下降过快，颗粒间距太小，则结晶颗粒容易凝结形成大颗粒而凝结成块；如果加热时间过长，或火力过大，晶粒易发生聚合而焦化变色，成为酸状硬壳。因此，当糖充分溶化时，有较密的大泡沫生成，当温度大约在130℃～160℃时需立即投下原料搅拌均匀，迅速出锅翻拌降温。

挂霜在霜层上有厚薄之分，其方法是不同的。

1. 薄霜

将炸成的原料放在烧热的锅中，烹入浓度为60～70％的糖溶液，让水分在锅中迅速挥发，使原料表层凝结一层薄薄的糖霜。

2. 厚霜

水糖比例一般按1：4.5溶化糖浆滚拌原料，冷却后使原料表层凝结一层较厚的糖霜，又有两种具体的方法：

（1）拌浆滚粉法。在原料入锅搅拌滚浆时加入适量的干淀粉，既可降低甜度，也可以防止黏结而增加成品的松脆度，此法更多地运用于干果类原料的挂霜。

（2）裹浆滚粉法。将原料裹糖浆拌匀后再滚糖粉以增加甜度，增强菜品的酥松质感。

挂霜的原料一般是较小型的动、植物性原料，又以植物性原料居多。为了丰富菜品的口味，有时也可掺入可可粉、芝麻粒（粉）等。制作挂霜类菜品，应把握好加热原料的成熟环节，挂霜菜品除了要求色泽洁白、口味香甜以外，对于原料也有一定的要求，主要特色是脆、香。因此原料经过过油或炒制、烘烤时，应当严格掌握火候。少数动物性原料为使其达到口感外酥脆、里鲜嫩的效果，可以预先采用挂糊炸制的方法，然后再挂霜成菜。

挂霜菜品是中式冷菜中常用的一类冷甜菜式，要求对熬糖挂霜有一个全面的理解和掌握，常见的中式冷菜菜品有"挂霜腰果""挂霜生仁""挂霜桃仁""挂霜酥吉圆""挂霜排骨"等。挂霜花生如图4-12所示。

图4-12　挂霜花生

八、炝

炝是中式冷菜制作中常用的一种方法，所谓炝，就是将新鲜的动、植物性原料拌以事先调好的卤汁或复合味油，或将各种调味品投入原料中使之成菜的方法。根据原料预加热与否，炝又可以分为生炝和熟炝两种。

1. 熟炝

熟炝的原料要经过预加热成熟后再入味。熟炝一般以软嫩或脆嫩的动物性原料为主，并且是经过加工后的小型易熟、易入味的原料；脆嫩的植物性原料也有使用的，但相对较少。炝制菜品一般需要经过加热处理后，原因就在于此。

熟炝中式冷菜的制作方法，往往选用极其简单快速地成熟方法，诸如"水汆""过油"等，从而使中式冷菜的质感—鲜嫩、脆嫩或软嫩能得到充分的保证。熟炝的中式冷菜在预熟时一般都不经过调味过程，因此，在制作过程中要求料形相对较小，这样便于成熟和入味，通常以片、丝、细条、小丁等形状居多。为了使熟炝的中式冷菜具有浓郁的香味，在调味过程中需要加入相对多量的具有一定刺激性味道的调味品，如胡椒粉、大蒜头、洋葱、花椒、麻油等，并且经过调味以后应当摆放浸泡一段时间，以便使其充分入味。常见的中式冷菜菜品有"炝腰片""炝虎尾""开洋炝芹菜""姜汁菠菜""炝肫片"等。

2. 生炝

在我国，有些地区也有将鲜活的小型动物性原料，辅以适当的调味料直接炝制食用的，也就是原料不需要经过预加热成熟，这在餐饮行业中称之为"生炝"。但必须选择鲜活的原料，并在调味过程中需要加入白酒、生姜米、胡椒粉或芥末等，以达到充分杀菌和调味的效果，如"腐乳炝虾""生炝鱼片"等。炝制菜品，因其清爽适口、鲜香浓郁的特点而备受人们的青睐，尤其适合于夏季食用。

当然，从食品卫生和安全的角度而言，对于炝来说最好还是以熟炝制作冷菜为佳。近几年来，关于因生食而引起的一些传染性疾病常有报道，有些水产原料附有大量的寄生虫和寄生虫卵或致病菌，在制作过程中某一个环节稍有疏忽，很容易对炝制中式冷菜的卫生和食品安全性构成威胁，再加上对一些水产品本身就有过敏现象的大有人在。因此，我们在制作炝制中式冷菜，尤其是采用生炝之法时，要慎之又慎。

九、拌

就是将小型的极易入味成"熟"的脆嫩性植物原料，经调味品拌和后直接食用的一种方法，是典型的"冷制凉吃"的一种形式，故有"凉拌"。

拌制菜品在制作形式和调味方式上与生炝有类似之处，其不同点就在于：

（1）生炝菜以鲜活的动物性原料为主；拌菜则以新鲜的植物性原料为主。

（2）生炝菜肴的调味常用一些味道比较浓烈的调味料，如白酒、生姜米、胡椒粉或芥末等，该类中式冷菜的味型一般比较浓厚；而拌制中式冷菜使用的调味品相对比较单一，以咸鲜味居多，味型一般比较清淡。

拌制菜品由于其"成熟"方法比较特殊，是属于只调味而不加热的一种方法，因而对原料的形状也就有一定的特殊要求。通常情况下，拌菜以丝、小条、薄片、小块等小型料形形态出现；在味型上，更多追求的是清淡、爽口，故调味过程中往往以无色调味料居多，较少使用有色调味料，尤其是深色的调味料基本不用。由于拌制中式冷菜对成品的质感要求是脆嫩，因此，在选料时一定要选择新鲜且脆嫩的植物性原料，如嫩黄瓜、嫩藕、嫩莴苣（也叫莴笋）、嫩包菜等。

图4—13　凉拌莴笋

图4—14　花生菠菜

拌制的操作过程和方法是极其简单的，就是将调味料直接投入加工成形的原料中拌制均匀。为了便于菜肴的入味，原料一般拌以调味料经过一小段时间后再食用。有时拌菜中还会出现多种原料，在这种情况下，要尽量保持各种原材料形的一致性（同形相配），并使原料的色彩搭配和谐、美观大方。常见的拌制中式冷菜有"拌黄瓜""拌海带丝""色拉时蔬""拌双色包菜"等。这里值得一提的是，有些菜虽然叫拌，但其制作方法并非完全是拌，如"拌双笋"（莴笋、春笋），实际上莴笋采用的是拌，而春笋则采用的是焯，两种方法混合使用制作一道菜品，很难准确命名，只是约定俗成而已。凉拌莴笋、花生菠菜如图4—13和图4—14所示。

十、蒸

将初步调味成形的原料置于盛器中，在笼中与蒸汽接触，在蒸汽的导热作用下变成熟的成菜方法称为蒸。一般来说，冷盘工艺所采用的蒸法是笼蒸方式，笼能将水蒸气集中在一定的密封环境—笼腔之中，形成较高的气压和温度，当水沸腾之后蒸汽大量蒸发，在笼中升腾，从笼顶向下回旋，逐渐膨胀饱和并从笼的各个缝隙向外喷泻，这就是我们餐饮行业中所谓的"圆汽"，此时说明笼中的气压和温度已达到极限，温度一般可以达到102℃左右。虽然蒸法具有成熟快、平稳、保形、保持原味的优点，但在制作冷盘材料时，对于一些软、嫩缔质原料和蛋制品，则易受到蒸汽的过强的膨胀力作用而起孔失水老化，因此需要减压，抑制水蒸气的蒸发速度和蒸汽量。在冷盘工艺中，我们根据原料的品质和加工、制作的要求不同，蒸又可以分为中火沸水圆汽蒸和中火沸水放汽蒸两种形式。

1. 中火沸水圆汽蒸

即运用中等火力保持水处于沸腾状态，使蒸汽量充足但不猛烈喷泻，在蒸制过程中，有充足的蒸汽作用于原料而使之成熟。采用这种蒸法的原料，它们往往有不因为充足的蒸汽而变形或起孔的性能，因此，中火沸水圆汽蒸适用于具有一定形态以及一些经过腌制的原料的成熟，如"如意蛋卷""相思紫菜卷""旱蒸咸鱼""如意笋卷"等。

2. 中火沸水放汽蒸

即运用中等火力保持水处于沸腾状态，同时微启笼盖，限制蒸汽的汽量、气压和温度，使笼中的温度保持在一定平衡的水平上（大约80~90℃左右）。采用这种蒸法能防止原料因气流和温度的影响使之疏松成孔洞结构而失水老化，影响成品的口感。中火沸水放汽蒸主要适用于软、嫩缔质原料和蛋制品原料的蒸制，蒸的时间比较短，一般约在5~15分钟左右，如"双色鱼糕""翡翠虾糕""蛋黄糕""蛋白糕"等。

蒸制中式冷菜的原料以动物性为主，以植物性为辅，其料形一般以茸缔、小块、条、片以及经过加工成特殊形态的形状居多。

蒸法尽管不是一种非常常用的中式冷菜制作方法，但蒸法在冷盘材料制作中的作用却很大。很多的冷盘刀面材料，特别是一些花色冷盘的刀面材料，往往都需要通过蒸法成形，因而，蒸法在冷盘的制作中具有重要的地位。

十一、烤

烤就是将经过加工整理的原料，经葱、姜、料酒等腌渍后置于烤箱或烤炉中，利用微波和干热空气辐射加热，使原料成熟并且具有外皮酥脆金黄、肉质鲜嫩可口的一种成菜方法。

烤法古称炙，从表面上看，它是运用燃烧和远红外烤炉所散射的热辐射能直接对食物进行加热并使之变性成熟的成菜方法，似乎比较简单，但整个加热过程中的物理、化学变化是极其复杂的。甚至可以说，中国的烤法是我国烹饪工艺方法中历史最长的，也是世界烹饪中最具复杂性的，将烤菜风格表现得淋漓尽致，从整牛、整羊到整禽、整鱼，再到肉类、蔬菜，原料无所不用其极，细到泥、茸、丝、片，复杂到多料结合，其工艺的精细、风味的多样、造型的美观，将古老而简朴的烤法发展到了极致。

在实践操作过程中，由于对原料的选择、设备工具的运用、工艺手法的采用等方面的不同，烤法又可以分为明炉烤和暗炉烤两大类。

（一）明炉烤

系指用敞口式火炉或火盆对原料烤制的方法。明炉烤设备比较简单，因火力分散，辐射热不易达到原料的背面，因此，在烤制时需要不断地、有节奏地调换烤面，使之受热均匀，呈色一致。明炉烤对较小型原料以及对较大型原料重点部分的烤制，具有良好的效果。在具体运用过程中，有以下三种常用的方法：

1. 叉烤

即用双股长铁叉叉住原料在火炉上反复烤燎，主要适用于一些整形或大块的原料，如整鸡（鸭、鹅等）、整猪（羊、牛等）、肉方等；有些原料本身内张力较小，用铁叉无法直接叉住原料，则需要用烤网帮助原料造型，如整鱼、豆腐、长鱼肉等。叉烤主要用果树、柏树、松树等木材与豆、芝麻秸为燃料，所以，叉烤制品色呈枣红，皮酥肉嫩，香味浓郁。

2. 串烤

用细长的铁或银签串上细嫩（或脆嫩）易熟的小型原料烤制起香的成熟方法。串烤需用长槽形敞口烤炉，槽内烧木炭，将原料腌制后穿成串，架于炉口槽上并不断翻动，烤至成熟起香。串烤的原料往往需要预先腌制外，选择的范围是较小形状的，如肉片、鲜贝、虾仁、竹蛏、肉丁、蝴蝶片、大蒜头、青椒片、洋葱片等。

3. 炙烤

炙烤与西餐铁扒相似，在火盆（或盒）上架一排铁条（或铁网），将腌制的薄形原料置于铁条上烤炙，并用筷子不停翻拨使之逐渐成熟。其加热形式既近似于烤，又类似于烙，因此，其成品较为鲜嫩，且有淡淡的焦香风味。

（二）暗炉烤

使用可以封闭的烤炉对原料进行烤制的方法叫暗炉烤。暗炉烤具有同温热气对流强烈的特点，能使原料四面均匀受热，容易烤透。暗炉烤在固定工具上与明炉烤不同，是特制的挂钩、挂叉、铁签、模盘等，依据其支撑固定工具的不同，又可以分为挂烤和盘烤两种方法。

1. 挂烤

挂烤将原料钩挂在炉中进行烤制的方法。挂炉烤还依靠热力的返回作用，即火焰发出的热力由炉门上壁射至炉顶，将炉顶壁烤热后再返回到原料身上的结果，而不是完全依赖火焰的直接燎烤。炉温一般稳定控制在230~250℃之间，避免过高或过低。

2. 盘烤

盘烤是将原料置于一盛器平面上入炉烤熟的方法，也叫托烤、模烤。烤器主要有金属板、盆以及各类浅口模具，主要用于对畜肉、禽肉、鱼类、虾类、蟹类、蚌类等原料的加工制作。一般温度控制在150~220℃左右，这种方法在冷菜制作中的运用最为广泛。

在采用烤法制作冷菜时，多运用加热前调味的方法，因为在加热过程中或加热以后是无法进行调味的（当然也有带调味碟蘸食的），因此，原料在腌制时往往调至正常直接可食用的口味，以确保菜品的滋味。调味时，所用调味品的品种范围比较广，并可以适当选用一些辛辣或芳香类的调味料，如葱、药芹、洋葱、蒜头、花椒、八角、桂皮、香菇、香叶、孜然等，以增加冷菜的香气，有的是铺垫在烤盘中将原料置于之上，有时是将调味料裹于原料体内（或腹内）。

烤制的菜肴其外表色泽多呈金黄，因此，在制作过程中，我们常常在原料的外表涂抹一些发色原料，如饴糖、蜂蜜、酱油等，以便原料呈色，并在烤制完成后，再在其外表涂抹少许麻油，以增加菜品的香味和光泽。

烤制的中式冷菜所使用的原料一般是动物性原料，特别是鱼类和禽类居多。常见的中式冷菜有"京葱烤鱼""葱烤仔鸡""特色烤肉""葱烤河鳗""酱烤鸡翅"等。

知识和能力拓展

烟熏和烘烤

在中式冷菜的制作过程中，烟熏和烘烤也是我们常用的两种制作方法，尤其在我国四川、湖南、贵州和安徽等地区，这两种方法的使用非常普遍。烟熏和烘烤制品可谓是这些地区中地方风味特色的典型代表。

在烟熏或火烤过程中，燃料的燃烧会产生稠环芳烃类物质而使菜品受到污染；中式冷菜原料中的油脂在高温下热解也可产生苯并（a）芘。苯并（a）芘等稠环芳烃类物质同样具有强烈的致癌作用。值得庆幸的是，近年来营养学家又发现，维生素A具有保护消化道黏膜，并有抑制苯并（a）芘对消化道黏膜的致癌作用。因此，当我们在制作中式冷菜时，若使用了经烟熏或火烤等方法制作的中式冷菜时，就应该有意识地增加配以含维生素A或含胡萝卜素较高的中式冷菜品种，如用动物的肝脏原料制作的"卤猪肝""盐水鹅肝""三鲜肝糕"等或用有色蔬菜原料制作的"葱油金笋""五彩素丝"等，以尽量减少稠环芳烃类物质对人体的危害。

思考与练习

1. 举例说明中式冷菜制作调味的基本作用。

2. 中式冷菜的制作调味需要注意什么？

任务三　理解冷菜的营养平衡

1. 能讲述冷菜制作过程中，营养素损失的具体原因。

2. 能讲述调味、制作方法对营养素的影响。

3. 讲述营养平衡在冷菜制作过程中的具体应用。

任务导学

中式冷菜既要美味也要营养健康、卫生安全。了解冷菜制作过程中营养素损失的途径、冷菜制作过程中调味和制作方法对营养素的影响，可以避免菜品中营养素损失，从而制作出更为健康的菜品。理解将营养平衡的观点运用于中式冷菜制作过程中的意义、原理。

烹饪可以使菜品具有独特的风味特色，犹如鲜美的滋味、悦目的色彩、美观的形态、多变的质感和诱人的香气，从而引起或激发人们旺盛的食欲。而且，经烹饪后的菜品有助于人体的消化吸收，同时，还可以杀灭烹饪原料中有害的微生物，另外再加上对原料进行科学而合理的选择，就能保证菜品的营养、卫生与安全。

一、冷菜制作过程中营养素的变化

由于烹饪原料的种类不同，其属性不一，在烹饪过程中所采用的烹制方法、使用的调味品也各不相同，烹饪原料中各种营养素会产生不同程度的变化，因此，我们了解和掌握营养素损失的途径是十分必要的。

（一）营养素损失的途径

菜品中的营养素，因加工方法、调味类别、加热形式等因素而受到一定程度的损失，使其原有的营养价值降低，这主要是通过流失和破坏两个途径而损失的。

1. 流失

流失是指菜品中的营养素失去了其原有的完整性。在某些物理因素，如日光、盐渍、淘洗等因素影响下，使原料中的营养物质通过蒸发、渗出或溶解于水中而被丢失，致使营养素遭到损失。

（1）蒸发。由于日晒或热空气的作用，使食物中的水分蒸发、脂肪外溢而干枯。阳光中紫外线作用是造成维生素破坏的主要因素。在此过程中，维生素C损失较大，同时还有部分风味物质被破坏，因而食物的鲜味也受到一定的影响。

（2）渗出。由于食物的完整性受到损伤，或添加了某些高渗物质如盐、糖等，改变了食物内部的渗透压，使食物中水分渗出，某些营养物质也随之外溢，从而使营养素如脂肪、维生素等不同程度受到损失，主要见于盐腌或糖渍等菜品。

（3）溶解。烹饪原料在初加工、切配和烹制过程中，因方法的不当，可使水溶性蛋白质和维生素溶于水中，这些营养物质可随淘洗水或汤汁而被丢弃，造成营养素的损失。如蔬菜切洗不当可损失20％左右的维生素类、大米多次搓洗可丢失43％左右的维生素B1和5％左右的蛋白质、动物性原料焯水不当可失去部分脂肪和5％左右的蛋白质等等。

2. 破坏

食物中营养素的破坏，是指因为受到物理、化学或生物因素的作用，使营养素分解、氧化、腐败、霉变等，失去了食物原有的基本特性。其破坏的原因主要有食物的保管不善或加工不当等所造成的。蛋品的胚胎发育、烹制时的高温、不适当的加碱、加热时间太长以及菜品烹制后放置的时间过长等，都可使营养素遭到破坏。

（1）高温作用。烹饪原料在高温环境烹制时，如油炸、油煎、烟熏、烘烤或长时间炖焖等，菜品受热面积大、时间长，使某些容易损失的营养素破坏。例如油炸菜品，其维生素B1将损失60％左右，维生素B2会损失40％左右，烟酸的损失接近50％左右，而维生素C几乎全部破坏。

（2）化学因素。化学因素造成食物营养素的破坏，有下列三种情况：首先是由于配菜不当，将含鞣酸、草酸较多的原料与蛋白质、钙类含量较高的食物原料一起烹制或同食，这些物质可形成不能被人体消化吸收的鞣酸蛋白、草酸钙等，从而大大降低了食物的营养价值，甚至还可以引起人体的结石症；其次是不恰当地使用食碱，在菜品的烹制过程中，食碱的不恰当使用（如绿色蔬菜焯水时加碱等），可使原料中的B族维生素和维生素C遭到很大程度上的破坏，若需加碱的菜品一定要限量添加；再则脂肪氧化酸败也是营养物质受损的一种因素，动、植物类脂肪在光、热等因素的作用下容易氧化酸败，从而失去其脂肪的食用价值，同时还能使脂溶性维生素受到破坏。

（3）生物因素。这主要是指食物自身生物酶的作用和微生物的侵袭，正如蛋类的胚胎发育、蔬菜的呼吸作用和发芽，以及食物的霉变、腐败变质等，都可造成食物食用价值的改变。

（二）冷菜制作过程中的营养保护

1. 调味对营养素的影响

调味是中式冷菜制作工艺中的重要组成部分，各种调味品原料在运用调味工艺进行合理组合和搭配之后，可以形成多种多样的风味特色，这也是近十几年来我国冷菜其品种日益变化、翻新、丰富和繁多的一个非常重要的因素之一。

中式冷菜调味工艺的客体是烹饪原料，而每类烹饪原料在营养素的种类和含量上各自都有自己的一定的特点。如肉类烹饪原料的蛋白质、脂肪含量较高，无机盐及一些脂溶性维生素占有一定的比例，而缺乏碳水化合物（包括膳食纤维）、水溶性维生素、部分脂溶性维生素、纤维素和果胶类物质，而有些蔬菜中含有丰富的可消化的碳水化合物，动物内脏类原料含有丰富的维生素、无机盐、蛋白质、脂肪等营养物质。在调味过程中，应根据各类烹饪原料在营养素种类和分布上的特点，合理地选用调味品，科学地运用调味方法，在不影响冷菜调味效果的前提下，尽量保持原料中的营养成分。倘若调味方法、调味原料及味型的选择都很得当，则会使烹饪原料中的各种营养素充分地被人体消化、吸收；相反，如果调味方法、调味原料和口味类型的选择或使用不当，则会使原料中的营养素遭到很大程度的破坏，有的不但影响菜品的消化、吸收过程，甚至还会对人体产生不良的后果。

例如我们常见的中式冷菜"糖醋排骨""五香熏鱼"等，在制作过程中加醋来调味，促进了肉骨、鱼骨中钙离子的析出，便于人体对钙的消化吸收，增加和提高了原料中钙元素的利用率，这种对调味的选择和对调味方法的运用，就充分发挥了动物性原料骨骼中含钙量高的优势。而且这类酸甜的味型，又易诱发食欲，更适合于正在生长发育的青少年及儿童，是比较成功的提供钙离子的中式冷菜；当然，对口腔咀嚼功能较好的老年人也非常适宜，这样可以使老年人的钙吸收量得以改善，对预防老年性骨质疏松症有一定的积极意义。

再如含维生素C较为丰富的植物性原料，如黄瓜、青椒、荷藕、萝卜、莴苣、白菜等，在调味过程中也宜用醋和酸味调味品。因为维生素C对光很敏感，且易遭氧化破坏，但在酸性环境中维生素C较为稳定，可免遭破坏损失。因此，"酸辣荷藕""糖醋萝卜""果味黄瓜""糖醋青椒""酸辣白菜"等中式冷菜，都最大限度地保护了烹饪原料中的维生素C，从而增加了维生素C的供给量。

我们从以上这些成功的例子中可以看出，在中式冷菜的制作过程中，调味的方法、味型和调味品的选择及运用，对烹饪原料中的营养素都会产生很大的影响。如果我们选择、使用适当，可以最大限度地保存原料中的营养素；反之，则会使原料中的营养素遭到一定程度的破坏，甚至损失殆尽。因此，我们在中式冷菜的制作过程中，调味方法、调味类型和调味品的选择和使用，应根据烹饪原料在营养素种类和分布上的特点来选择，不可违背这一规律，否则，就是一个不合格的中式冷菜，至少可以说，不是最完美的中式冷菜。

2. 制作方法对营养素的影响

我国有制作中式冷菜的精湛技法，且技法繁多。这些精湛的技艺，使得烹饪原料转变为各种各色的美味佳肴，增加了冷菜的色、香、味，同时也便于就餐者消化、吸收中式冷菜中的各种营养素。在制作中式冷菜的常用方法中，有些方法虽然丰富了中式冷菜的口感和色泽，也增添了中式冷菜的香味，有的甚至还能使中式冷菜具有特殊的风味特色，但不可否认，它同时也破坏了食物原料中部分的营养素。或使某些营养素转化成不能被人体消化吸收，甚至是有毒的物质；或由于制作中式冷菜技艺和冷菜风味特色的需要，在菜品中增加了某些对人体健康不利的物质。从我国冷盘发展的历史、现状以及目前人们的生活习惯、生活水准等方面来看，完全不采用这些加工方法和制作技法似乎不大可能，确实很难避免，但是，运用现代营养科学知识，在进行中式冷菜的加工和制作过程中作一些调整，使这些不利因素降到最低限度，是我们应该做的，而且是可以做到的。

多少年来，"风鸡""风鱼""腊肉"或者"水晶肴蹄""干切牛肉""五香狗肉"等中式冷菜深受人们的青睐，但这些菜品在加工过程中均是先用盐进行腌制。在腌制过程中，肌肉中蛋白质在微生物和酶的作用下，会分解产生大量的胺，或者腌制用的粗盐中含有杂质—亚硝酸盐，胺与亚硝酸盐结合成亚硝胺，使这些腌腊制品中亚硝基化合物含量大大增高。况且，在我国传统的烹饪工艺中，很多肉类的中式冷菜为了增色的需要，在腌制过程中常加入一定量的发色剂——亚硝酸盐（烹饪界称之为"硝"），这就更增加了腌腊制品中亚硝胺的含量。我们知道，亚硝基化合物对人体具有强烈的致癌作用，多次长期摄入体内能产生肿瘤，哪怕一次冲击量也可对人体产生伤害。营养学家在动物实验中还发现，摄入亚硝基化合物不仅使成年动物产生肿瘤，妊娠的动物摄入一定量后还可通过胎盘使仔代动物致癌，亚硝基化合物对人体的危害程度是显而易见的。可喜的是，营养学家通过实验又发现维生素C可以抑制亚硝胺对人体的致癌作用，维生素E也有抑制亚硝基化合物形成的作用。因此，在中式冷菜的制作过程中，如果使用了"风鸡""腊肉"等动物类的腌腊制品时，则应多搭配一些维生素C含量较高的新鲜蔬菜或水果，这样，可以使亚硝胺等对人体健康的危害程度降到最低限度。

二、冷菜的营养平衡

营养平衡是指人体所需要的营养素供给量达到全面的平衡。这意味着：第一是就餐者在热能和营养素上达到生理上的需要；第二是各种营养素之间建立起一种生理上的平衡。例如三种生热营养素作为热能来源比例的平衡，热能消耗量与在代谢上有密切关系的维生素B1、维生素B2和烟酸之间的平衡，蛋白质中必需氨基酸的平衡，饱和与不饱和脂肪酸之间的平衡，可消化的碳水化合物与膳食纤维之间的平衡等等。营养平衡的观点运用于中式冷菜制作过程中，主要体现在以下几个方面。

（一）原料选择的多样化

冷菜原料品种的多样化和营养素种类的齐全是衡量中式冷菜质量的一个非常重要的标准。"五谷为养，五果为助，五畜为益，五菜为充。"（《黄帝内经素问·藏气法时论》）我们的祖先对这一问题早已有了精辟的论述。在中式冷菜的制作过程中，应按照每种原料所含有的营养素种类和数量进行合理的选择和科学搭配，使各种原料在营养素的种类和数量上取长补短，相互调剂，改善和提高冷盘菜品的营养水平，以达到中式冷菜营养平衡的要求。用现代营养学的观点来说，就是要合理膳食或平衡膳食，这对保持人体健康是非常重要的。

近年来，随着我国改革开放的不断深入，我国在农业、畜牧业、水产养殖业和种植业等方面都有了长足的发展，为烹饪选用丰富而广泛的原料提供了丰厚的物质基础。我国中式冷菜工艺的不断提高发展以及与热菜工艺的有机融合，加之全球范围内饮食文化和烹饪技术的交流日益加深和频繁，使得中式冷菜所使用的原料也越来越丰富和广泛。但就中国冷盘的发展情况而言，中式冷菜所选用的原料仍然存在着一定的倾向性，即动物性原料如禽类、水产类及畜类肉制品使用的比例较大，而乳制品、豆及豆制品和植物性原料所占的比例较小，我国历来就有把冷菜作"冷荤"的称呼也足以证明了这一点。虽然肉类制品含有丰富的优质动物蛋白质和饱和脂肪酸以及一些脂溶性维生素，但是，这种以肉制品为主要原料的中式冷菜往往会缺乏碳水化合物、水溶性维生素、无机盐以及膳食纤维等营养素。为使中式冷菜中各种营养素都能满足人体的需要，在进行原料的选择时，最基本的要求是所选择的原料种类应多样化。只有选用多种原料进行搭配使用，才有可能使中式冷菜所含的营养素种类较为齐全，符合人体健康正常的生理需要。既然我们不能从单一的烹饪原料中得到人体需要的所有的营养素，因此，我们在选择中式冷菜原料时必须尽量地多样化。

（二）保持各种营养素之间功能和数量上的平衡

中式冷菜的营养平衡还要求各营养素之间在功能和数量上的平衡，这主要包括以下几个方面的内容。

1.三种热能营养素作为热能来源比例的平衡

一般情况下，在一组中式冷菜中，菜品所含的蛋白质、脂肪含量较高，而碳水化合物则一般较低，特别是淀粉所占热能比例较少。虽然冷盘菜品中这三种营养素的比例不能根据我们日常膳食所规定（人体正常所需要）的比例供给，但应尽量保持他们之间比例的平衡，以便适应我们日常的生活习惯，不至于给胃、肠及消化系统增添过重的负担，这样有利于营养素的消化和吸收。

2.热能消耗量与维生素B1、维生素B2和烟酸之间的平衡

我们知道，维生素B1进入人体的机体后，被磷酸化为维生素B1素焦磷酸，以辅酶的形式参与羟化酶和转羟乙醛酶的形成，催化α—酮酸的氧化脱羧反应，使来自糖酵解和氨基酸代谢的α—酮酸进入三羧酸循环；维生素B2是机体许多酶系统中辅酶的成分，例如黄素蛋白在组织呼吸过程中起传递氢体的作用，与能量代谢有密切的关系；烟酸以烟酰胺的形式在体内构成辅酶Ⅰ和辅酶Ⅱ，是组织代谢中非常重要的递氢体。这三种维生素与人体的能量代谢关系密切，所以，其供给量是根据能量消耗按比例供给的。因此，热能供给量与维生素B1、维生素B2和烟酸之间的平衡就显得非常重要。

3.饱和脂肪酸与不饱和脂肪酸之间的平衡

中式冷菜原料中动物性原料相对比例较大，动物性脂肪中饱和脂肪酸的含量较高，而中式冷菜在烹制过程中，多用植物油，植物油中不饱和脂肪酸含量较高。因此，在中式冷菜中又存在着饱和脂肪酸与不饱

和脂肪酸之间的平衡问题。这两种脂肪酸对人体的生理功能各有利弊。一般而言，不饱和脂肪酸熔点低、消化吸收率较高，并且还含有必需脂肪酸，因而其营养价值比较高；而饱和脂肪酸熔点高，消化吸收率较低，因而其营养价值比较低，但这仅仅是一个方面。虽然不饱和脂肪酸能防止心血管系统的疾病的发生，但如果摄入量过多则会增加体内的不饱和游离基团，据有关研究表明，这可能与癌症的发生有关，特别是肠道肿瘤和乳腺癌；当然，不饱和脂肪酸摄入量过多会增加和提高动脉粥样硬化的发病率，这是已被证实了的，但饱和脂肪酸对人体大脑的生长和发育又有一定的促进作用。所以，我们对饱和脂肪酸与不饱和脂肪酸应该有个正确的认识，要从辩证的角度去分析和理解。据有关研究认为，饱和脂肪酸、不饱和脂肪酸与单不饱和脂肪酸之间的比例最好控制在1∶1∶1。

4. 酸性和碱性的平衡

人体有较强大的缓冲系统，所以虽然每天机体都会有酸性或碱性物质的过剩，但通过系统的调节能维持机体的pH值的正常水平。尽管如此，我们还是应该注意中式冷菜的酸碱性，尽量使它们维持平衡，以减轻机体生理功能的负担。总的来说，蛋白质含量较高的菜品一般是酸性的，很多蔬菜和水果都是碱性的（尽管有的菜品在食用时呈酸味），一组中式冷菜，其酸碱性应保持一定的比例，哪一种过多或过少都对机体不利。虽然由于饮食引起的酸中毒或碱中毒的情况罕见，但饮食的酸性或碱性会影响尿液的pH值，将对人体产生一定的影响。研究发现，尿液的pH值与某些结石的形成有一定的关系。临床调查数据证明，通过饮食调节来调整、改变尿液的pH值，对尿道结石有一定的预防作用。对一个正常人来说，我们所配伍的中式冷菜，其酸性与碱性应保持一定的比例，使人体尿液的pH值维持在正常范围内（5.4~8.4之间）。

思考与练习
---

1. 冷菜材料的制作方法对营养素有怎样的影响？在操作过程中，我们可以采用怎样的措施加以弥补？
2. 冷菜的营养平衡包括哪些内容？具体又体现在哪几个方面？
3. 冷菜在制作过程中其营养素损失的途径有哪些？
4. 调味对冷盘菜点的营养素有哪些影响？在操作过程中，我们可以采取哪些措施进行保护？

项目小结

本章介绍了中式冷菜调味具有渗透、分散、吸附、分解、复合与中和等基本作用，中式冷菜的制作调味一般以加热制熟为中心构成前期调味、中程调味和补充调味。中式冷菜制作的常用方法有卤、冻、熏、酥、腌、泡、挂、霜、炝、拌、蒸、烤等。中式冷菜制作过程中要坚持营养平衡的观点，防止中式冷菜制作过程中导致营养素流失和破坏，要从原料选择的多样化、保持各种营养素之间功能和数量上的平衡等方面，加强中式冷菜的营养平衡。

项目五　禽蛋类冷菜制作

一、学习目标

（一）知识目标

1. 掌握禽蛋类原料的质量控制、原料选择。

2. 熟练掌握不同原料加工的刀工成型技巧及手法运用。

3. 把控好不同菜品的制作时间火候及油温。

（二）技能目标

1. 掌握禽蛋类原料冷菜制作的加工工艺。

2. 掌握禽蛋类冷菜制作过程中技法的运用。

（三）素养目标

1. 激发学生热爱中华优秀文化并树立传承中华饮食技艺的责任感。

2. 注重操作要领，培养做事专一的态度。

3. 能够灵活地选择当地食材，学会举一反三，做到物尽其用，不浪费材料。

4. 严格按照制品的制作标准操作，培养团队合作意识。

5. 树立食品安全意识。

二、项目导学

通过讲授、演示、实训，使学生了解和熟悉禽蛋类原料的历史渊源，掌握不同禽蛋类原料的制作工艺和制作要领，掌握八种禽蛋类冷菜制作的技法。在教学的过程中，促进学生对中华饮食文化和技艺的传承，为创新发展奠定基础。同时，培养学生强化团队合作、资源节约、食品安全等意识。

任务一　白切鸡制作

1. 了解白切鸡制作过程中的注意事项及烫鸡时水温的控制。

2. 掌握白切鸡的制作工艺、焖制技法与时间。

3. 掌握皮脆肉嫩的制作工艺、整道冷菜的成型技艺。

课件　白切鸡制作

任务导学

白切鸡始于明朝的民间酒馆,在烹调鸡肉时不加调味白煮而成,食用时随斩随吃,故又称"白斩鸡"。白切鸡肉质细嫩,滋味鲜美,含有丰富的蛋白质、钙、磷、铁、脂肪等营养成分,其易于消化,很容易被人体吸收利用。鸡肉还含有对人体生长发育有重要作用的磷脂类、矿物质及多种维生素,有增强体力、滋补身体的作用,对营养不良、畏寒怕冷、贫血等症有良好的食疗作用。

白切鸡的历史典故

白切鸡是一道经典的浙江菜肴,也是中国传统菜肴之一,其历史典故可以追溯到明朝。据传明朝时期,有一位名叫陈桂芳的官员,他在该地区任职期间,发现当地的鸡肉质地鲜嫩,滋味鲜美。于是,他便命厨师将鸡以一种特殊的方法烹制,即先将整只鸡煮熟,然后在凉水中浸泡,最后用冰水冲洗,使得鸡肉更加滑嫩,肉质更加鲜美。这种烹饪方法就是后来所称的"白切"。陈桂芳制作的白切鸡因其鲜美口感和独特的烹饪方法,在当时非常受欢迎。逐渐地,白切鸡便成了广东地区的一道著名菜肴,并逐渐传播到其他地区。白切鸡的历史典故虽然没有具体的史料佐证,但这个故事已经成为人们对白切鸡来历的一种想象和传承。无论真实与否,白切鸡已经成为中国餐桌上的美食之一,深受人们喜爱。

一、操作过程

（一）操作准备

1. 原料、调料准备

细骨农家鸡1只、小葱20克、砂姜20克、香叶5片、草果2个、盐20克、味精5克、生抽20克、麻油8克。

2. 用具准备

砧板、菜刀、电子秤、灶台、不锈钢桶2个、锅盖。

3. 工艺流程

（1）制冰水→洗净原料→烫皮→卤制→冷却→改刀→装盘。

（2）准备香料→调制卤水。

视频　白切鸡制作

4. 操作步骤

步骤1　制冰水、初加工

步骤图	序号/图注/要领	步骤图	序号/图注/要领
	锅中放水，依次放入葱、生姜、香叶、草果、盐、味精后，烧开冷却后放入急冻柜30分钟 卤水的温度控制在1℃左右，不能结冰　❶		将整鸡清洗干净，用刀切断鸡爪指尖 刀尖要从鸡爪指尖关节处下刀切除 　❷

步骤2　烫制

步骤图	序号/图注/要领	步骤图	序号/图注/要领
	不锈钢桶里放水，依次放入葱、砂姜、香叶、草果、盐、味精，烧开 水温始终控制在沸腾状态，蒸汽不宜过大　❶		用手拎起鸡头，把鸡下锅，上下卤水三次进行烫制，再用冷水冲凉洗净。反复三次将鸡皮收紧 烫制的时间不宜过长，快速上下拎起　❷

步骤3　熟制装盘

步骤图	序号/图注/要领	步骤图	序号/图注/要领
	将鸡放入不锈钢桶中，水温控制在90℃，焖20分钟。成熟后将鸡捞出沥水，迅速放入冰桶泡制30分钟 桶里的卤要漫过鸡，火候要调小。用牙签戳到鸡大腿里，有清水冒出即可，如果冒血水则鸡未熟。根据鸡的大小掌控时间　❶		将鸡从肚腔一分为二，切下翅膀、大腿，去脊骨，切成一厘米宽的条摆成半球形 切鸡腿时，要去掉腿骨 　❷
			用生抽、麻油调制蘸料与鸡一同摆盘 盘面整洁无污物与手指印，酱汁不能洒漏在器皿上　❸

二、操作过程

（一）成品特点

1. 口味软嫩、鸡香四溢。

2. 保持传统技艺、创新工艺、营养丰富。

（二）质量问题分析

1.细骨鸡的加工工艺。

2.烫制的注意事项。

3.摆盘的分步实施。

三、知识拓展

（一）原料

图5-1　白切鸡

此菜为地方传统冷菜，质地鲜嫩的家禽都可以用焖的烹调方法，亦可以结合低温慢煮的现代烹饪工艺方法制作。制作白切肉时也是运用此烹饪工艺方法。

（二）技法

白切鸡在改刀装盘时运用的是斩切法，在制作其他相似家禽类冷菜时都可以运用此种改刀技法，例如：盐水鹅、桂花鸭等。

（三）形态

家禽类含有丰富的高蛋白与磷酸、油酸和亚油酸，可塑性强。制作时，可结合器皿的广泛性和技法的多样性，做成葫芦形、南瓜形等。

四、师傅点拨

制作白切鸡时在原料的选择上要选用肉质鲜嫩、口感好的鸡种。在烫制鸡肉时，烫制的时间不宜过长，快速上下拎起。这一步是为了去除鸡皮上的脏物和异味以及收紧鸡皮，同时去除鸡肉中的血水和残留污物，保持鸡肉的水分，使其更加嫩滑，过度烫煮会导致鸡肉变得硬糙。每次烫制之后都要静置几秒，让鸡肉自然吸收水分，增加口感的水润度。在鸡肉煮制的过程中要用小火慢慢煮制，水温控制在90℃左右，这样可以保持鸡肉的原汁原味、肉质细嫩，不会让鸡肉过于干柴。鸡肉成熟后要迅速浸泡冰水，这一步的目的是使鸡肉迅速降温，防止继续熟透和过度干燥，同时还可以使鸡肉的口感更加爽脆，更具嚼劲。

五、思考与练习

1.如何做到白切鸡口味软嫩？

2.通过上课及扫码观看视频，独立完成白切鸡的制作，与家人分享并形成实训报告。

任务二　黄金蛋松制作

1.熟悉油温的掌控对原料成型工艺的影响。

2.掌握黄金蛋松的烹饪技法及使用要领的掌握。

3.树立爱岗敬业的职业意识、安全意识、卫生意识。

课件　黄金蛋松制作

鸡蛋，又名鸡卵、鸡子，是母鸡所产的卵，外表是一层硬壳，壳内有气室、卵白及卵黄部分。根据蛋壳的颜色可以分为：白壳蛋、粉壳蛋、褐壳蛋和绿壳蛋4个类型。根据蛋鸡的饲养方式可以分为：土鸡蛋（草鸡蛋、柴鸡蛋）和洋鸡蛋。鸡蛋富含各类营养，是人们常吃的食物之一。鸡蛋吃法是多种多样的，这款黄金蛋松做法是采用油炸的方式成型，色泽诱人、香酥可口。

黄金蛋松的传说故事

黄金蛋松它的历史典故可以追溯到清代乾隆年间。相传，乾隆皇帝曾经在巡游广东时，在一家小酒楼品尝到了一道非常美味的菜品。这道菜品是由炒鸡蛋和松花菇制成的，味道鲜美，口感酥脆。乾隆皇帝对这道菜品赞不绝口，因为菜盘上的鸡蛋呈现出金黄色，而松花菇则像是金色的丝线，因此这道菜品被称为"黄金蛋松"。乾隆皇帝觉得这道菜品独具特色，非常适合作为贵宾招待的菜肴。他将这道菜品推荐给了其他官员和贵族，使得黄金蛋松迅速在宫廷和贵族阶层中流行起来。

随着时间的推移，黄金蛋松的口味逐渐被改良和创新，加入了更多的配料和烹饪技巧，使其更加丰富多样。如今，黄金蛋松已经成为广东菜系中的一道经典菜品，以其独特的口味和精致的外观而备受食客喜爱。无论是在酒楼、餐馆还是家庭聚餐，黄金蛋松都是一道受人喜爱的佳肴。

一、操作过程

（一）操作准备

1. 原料、调料准备

鸡蛋300克、白糖20克、芝麻10克、盐1克、植物油1000克。

2. 用具准备

灶台、砧板、灶锅、炒锅、方托盘。

3. 工艺流程

准备原料→原料调味→搅拌→成熟→定型→改刀→装盘。

4. 操作步骤

视频 黄金蛋松制作

步骤1 初加工

步骤图	序号/图注/要领	步骤图	序号/图注/要领
	准备材料：鸡蛋300克、白糖20克、芝麻10克、盐1克 防止碎蛋壳掉入蛋液中　①		在鸡蛋液中加入白糖、盐，搅拌均匀，无成团成块现象 盐可以使得香甜味更加香甜。如果有蛋液成团或块就会影响酥的口感　②

步骤2　蛋松制作

步骤图	序号/图注/要领	步骤图	序号/图注/要领
	在锅中加入植物油烧至180℃—200℃ 注意油温的控制		将蛋液慢慢倒入笊篱，使蛋液通过笊篱的细孔漏入热油中，用筷子在油锅中轻轻拨动 油温不能低，以免蛋松不酥；也不能太高，以免蛋松会有焦煳味　②
	①		

步骤3　成熟装盘

步骤图	序号/图注/要领	步骤图	序号/图注/要领
	将炸好的蛋松放入托盘中铺好，再放托盘及重物进行压制成型　①		将蛋松改刀成条状，大小长短整齐，要求：刀工均匀、码放整齐、立体感强 改刀装盘动作要轻，以免影响蛋松散开　②

二、操作过程

（一）成品特点

1.色泽金黄、酥而不散。

2.蛋香味浓、甜而不腻。

（二）质量问题分析

1.应控制好蛋松油炸的温度。

2.蛋松炸制成熟度要适中，保持酥而不焦的口感。

3.控制蛋松入锅滑散的速度，防止结块。

图5—2　黄金蛋松

三、知识拓展

（一）原料

制作黄金蛋松的主要原材料是鸡蛋。从材料着手，在制作中添加不同颜色的辅料，不仅可以增加菜肴色彩，同时能够提高菜肴营养价值。例如：在制作此菜时加入蔓越莓干、葡萄干等原料可以使此菜口味更加丰富、色彩更加美观。

（二）技法

传统黄金蛋松的制作需采用纯手工制作，制作要求高、工艺复杂。这样制作的缺点是人工成本高、制作时间长、菜肴质量无法标准化。所以我们在制作过程中可以采用机械化、配比标准化的形式制作，利用现代化的操作设备。例如：在原料配比时利用电子秤进行称量，在搅拌时使用搅拌机定时定速进行搅拌，在炸制时利用炸炉可以有效地控制油温。

（三）形态

在"形态"方面，样式变化种类繁多，不同的品种具有不同的造型，即使同一品种，不同地区、不同风味流派的冷菜也会千变万化。"形态"的创新要求简洁自然、形象生动，在此菜制作过程中可以利用不同形状模具来改变整体菜肴的形状。

四、师傅点拨

制作炸制类菜肴时，掌握油温火候十分重要。该用旺火的不能用文火，该用文火的也不要用急火。油的温度过高、过低对菜肴的香味也有影响。制作炸制类菜肴，如果油的温度过高，会使炸制类菜肴外焦里不熟；油的温度过低，会使炸制类菜肴不够酥脆或偏软。所以油温的掌控是炸制类菜肴制作的关键要素之一。

五、思考与练习

1. 利用黄金蛋松的烹调技法还能制作哪些菜肴？请列举2道菜肴并写出制作工艺流程。

2. 通过上课及扫码观看视频，独立完成黄金蛋松的制作，与家人分享并形成实训报告。

任务三　酱鸭制作

学习目标

1. 熟悉酱鸭卤料包中香料的种类与名称。

2. 掌握酱制品菜肴火候的控制。

3. 了解酱鸭的烹调方法及要领。

课件　酱鸭制作

任务导学

酱鸭在制作过程中，不仅注重主料配方，更注重火候，达到色、香、味、形、质、养俱佳的水平。鸭有益气补虚、和胃止渴、止咳化痰、化解铅毒等作用，是中医食疗的上品。

酱鸭继承了百年的传统，采用纯天然的植物香料和滋补中药秘方烹制而成。酱肉的营养价值超过其他肉类，蛋白质、氨基酸含量高，脂肪含量少，脂肪熔点低，鲜嫩松软、清香不腻，容易被人体消化吸收。

酱鸭的历史典故

据传，楚昭王时，楚国郢都宫廷里有一位名叫石纠的厨师，手艺高超，经他烹制的菜肴，精美无比，深得楚王和内臣外宾的喜爱。石纠家住宜城蛮河岸边，家中只有六十多岁的老母独自生活。一天，石母在洗衣时不慎滑入蛮河，多亏几个放鸭人将她救起。石母上岸后就病了，又多亏乡亲们细心照料，才得好转。乡亲们捎信到宫中，将事情告诉了石纠。石纠是个孝子，他闻讯后急忙告假，连夜赶回家里看望母亲。对救他母亲的放鸭人和照料母亲的乡亲，他都一一上门酬谢。为怕母亲再发生意外，石纠从此再不敢离家。石纠一边照料母亲，一边谋划着为乡亲们做点事情。他见乡亲们养了不少鸭子，可是鸭蛋和鸭肉都不值钱，便将自己的手艺用上了。他把在宫中酱制天鹅和禽蛋的手艺，用来加工成酱板鸭和酱蛋（松花蛋的前身），任谁吃了都说好。拿到集市上去卖，很受欢迎，还能卖得好价钱。自石纠回乡后，楚宫中的烹饪质量不如以前，楚王食欲下降，于是宫中派人寻访，找到了石纠，要他回宫去。石纠为了尽孝和报答乡亲，请求来人帮他辞掉宫中的差事，还请他带回去一些自己制作的酱鸭和酱蛋给楚王。楚王品尝后大加赞赏，对石纠孝敬老母、报答乡亲的做法，更是赞不绝口。他传令下去，将酱板鸭和酱鸭蛋赐名为"贡品酱鸭""贡品酱鸭蛋"，常年生产，供应楚宫。

石纠领着乡亲们，靠着生产贡品发家致富。这贡品酱板鸭、酱鸭蛋的美食和独特的制作工艺，也传到了今天。这就是今天的酱鸭了。

一、操作过程

（一）操作准备

1. 原料、调料准备

净鸭1只、生姜100克、小葱50克、香菜30克、香叶15克、桂皮5克、白芷5克、丁香3颗、八角5颗、豆蔻5颗、草果1颗、盐5克、糖100克、味精5克、黄酒150克、老抽3克、生抽8克、甜面酱10克、红曲粉8克。

2. 用具准备

案台、刀砧板、菜刀、灶台、炒锅、粗漏勺、不锈钢盆。

3. 工艺流程

（1）准备原料→焯水→过油→卤制→改刀→装盘。

（2）准备香料→炒制香料→调制卤水。

4. 操作步骤

视频 酱鸭制作

步骤1 初加工

步骤图	序号/图注/要领	步骤图	序号/图注/要领
	准备材料：净鸭1只、生姜100克、小葱50克、香菜30克、香叶15克、桂皮5克、白芷5克、丁香3颗、八角5颗、豆蔻5颗、草果1颗、盐5克、糖100克、味精5克、黄酒150克、老抽3克、生抽8克、甜面酱10克、红曲粉8克 成鸭要去除内脏，清洗干净 ①		在锅中加水、净鸭、葱姜、红曲粉、黄酒煮制5分钟 要完全煮去鸭子的膻味，要将鸭子煮制上色，注意不要破坏鸭子表皮完整 ② 在锅中加入白糖、色拉油，小火加热，熬至枣红色后加入少量水，煮开盛出备用 糖色熬制火候要掌握得当 ③

步骤2　熟制处理

热锅滑油，油温热至六成，下入煮制好的净鸭，炸制净鸭表皮成金红色，炸制过程中注意保证鸭子表皮的完整。

步骤图	序号/图注/要领	步骤图	序号/图注/要领
	调制卤汁，把葱、姜、香料炒香，加入水、糖色、老抽、糖、味精、胡椒粉调味，最后下入炸好的鸭子 调制卤汁时注意口味及颜色的把控　①		卤水烧开后关火浸泡1小时，使其入味。最后开大火收汁 收汁过程中，注意不停搅拌，防止糊锅　②

步骤3　改刀装盘

步骤图	序号/图注/要领	步骤图	序号/图注/要领
	取四分之一卤制好的酱鸭进行刀工处理，按照装盘要求剁成大小一致的长条块 在改刀过程中要注意成品大小　①		装盘要求摆放整齐、匀称、采用叠的技法进行装盘　②

二、操作过程

（一）成品特点

1. 酱香四溢、肥而不腻。

2. 味道浓郁、风味独特。

（二）质量问题分析

1. 香料的使用种类和数量。

2. 酱汁的调制比例要准确。

3. 酱鸭成品摆盘要精细。

三、知识拓展

图5—3　酱鸭

（一）原料

原材料是制作此菜的基础。如从原材料入手，运用相同的操作技法，能够制作出不同的菜肴。例如：把鸭子改为各类可酱制的家禽、家畜类原料，能够制作出类似的菜肴。

（二）技法

随着现代社会的高速发展，酱鸭的做法也因地而异，因时而异。最常见的就是制作酱鸭时，有些地方不焯水而是过油，这就要看鸭子本身的品种和地方人群的口感而有所区分了。一般鸭子偏肥，并且膻味不大，这时我们就可以采取过油而非焯水的工艺。因此，我们在制作酱鸭的时候，要考虑原材料的特性，采取适宜的烹制工艺。

（三）形态

在"形态"方面，酱鸭的造型创新就可以利用鸭子自身的柔韧性，将鸭子做成如"耕牛形""鸭卷"等。

"形态"的创新要求简洁自然、形象生动，可运用省略法、夸张法、变形法、添加法、几何法等手法，创造出形象生动的造型，又要使制作过程简便迅速。

通过以上知识与技能的学习，找出创新点，根据对食材的变化法的创新、技法、形态等原则，创出新的产品，做到传承不守旧，创新不忘本。对拓展产品，要反复论证，共同研讨，不断修正，高质量地完成好产品的创新拓展，以满足不断发展的社会需求。

四、师傅点拨

在制作酱鸭的过程中火候的控制非常重要，火候过大可能会导致鸭子烧焦，火候过小则可能导致鸭子不够入味。此外，鸭子的选择也很关键，一般选择肉多脂肪少的鸭子，这样的鸭子肉质更佳。在调制卤汤时可以把甜面酱替换成其他酱料，比如海鲜酱、排骨酱、柱候酱等。制作酱制类冷菜需要综合考虑原料的选择、火候的掌控、制作工艺、口味调整以及菜品呈现等多个方面。只有这样，才能做出既美味又健康的酱制冷菜。

五、思考与练习

1. 运用酱鸭的制作工艺还能制作哪些菜肴？请列举2道并写出工艺流程。
2. 通过上课及扫码观看视频，独立完成酱鸭的制作，与家人分享并形成实训报告。

任务四　红油鸡丝制作

1. 了解红油的调制要领以及在冷菜制作中的作用。
2. 掌握红油鸡丝的制作工艺及口味的把控。
3. 能够熟练掌握红油鸡丝的制作过程和装盘技艺。

课件　红油鸡丝制作

=== 任务导学 ===

鸡脯肉的营养价值很高，蛋白质含量较高，且易被人体吸收。还含有对人体生长发育有重要作用的磷脂类。鸡脯肉有着温中益气、补虚填精、健脾胃、活血脉、强筋骨的功效。

红油鸡丝是中国菜系中一道经典的川菜菜肴，尤其在四川地区非常受欢迎。川菜以其独特的麻辣口味而出名，红油是其中重要的调味料之一。红油鸡丝正是在这样的背景下逐渐发展起来的。从传统制作方法看，红油鸡丝是用火锅煮熟的鸡肉丝，然后加入辣椒油、花椒、蒜末等配料拌炒而成。调料中的红油赋予了菜肴麻辣的特色，同时也增添了菜肴的色泽和风味。

尽管没有具体的历史典故可供参考，但可以说红油鸡丝的出现与中国川菜的发展和麻辣文化的流行有关。它代表了中国菜系中对于食物口味的追求和创新，也成为川菜中一道受欢迎的经典菜肴。

一、操作过程

（一）操作准备

1. 原料、调料准备

鸡脯肉200克、香菜梗20克、精盐10克、白糖10克、味精2克、辣椒油50克、酱油10克。

2. 用具准备

案台、刀砧板、菜刀、灶台、炒锅、不锈钢盆。

3. 工艺流程

洗净原料→熟制→冷却→改刀→拌制→装盘。

4. 操作步骤

视频　红油鸡丝制作

步骤图	序号/图注/要领	步骤图	序号/图注/要领
	准备材料：鸡脯肉200克、香菜梗20克、精盐10克、白糖10克、味精2克、辣椒油50克、酱油10克 原材料要清洗干净　①		锅中加水、精盐、葱姜，把鸡脯肉放入水中煮制成熟，水温控制在90℃左右 煮制鸡脯肉时间不宜过长，以防肉质变老　②
	鸡脯肉成熟后捞出放入冰水中，使其迅速降温 放入冰水中的目的是使鸡肉迅速降温，防止继续熟透和过度干燥　③		把凉透的鸡脯肉按照鸡肉纹理顺着撕成鸡丝 鸡脯肉要撕的粗细均匀　④
	撕好的鸡丝放入盆中，加入香菜梗、精盐、白糖、味精、辣椒油拌制均匀 调味品投放要准确　⑤		将拌制好的鸡丝采用堆叠法进行装盘 装盘要饱满，盘面要干净整洁　⑥

二、操作过程

（一）成品特点

1. 色泽红亮、鸡丝粗细均匀。

2. 肉质紧实、味道咸鲜微辣。

（二）质量问题分析

1. 煮制鸡脯肉时把握好火候和时间。

2.鸡脯肉要撕的粗细均匀。

3.拌制时调味品要投放准确。

三、知识拓展

（一）原料

红油菜品适宜不同的原材料。从材料着手，适当使用新型辅料，创新菜肴品种，不失为一种冷菜创新的绝好途径。例如：其他家禽类原料都可以做红油拌制冷菜。在拌制时加入不同颜色的蔬菜，不仅可以增加维生素等营养成分，还可以增添菜品的色泽、口感，能够激发食客的食欲。

图5-4 红油鸡丝

（二）技法

随着现代社会的高速发展，除高档餐厅、高档宴会需精细冷菜外，传统红油冷菜制作，大多需要手工熬制红油。如果长时间的手工操作，不仅会影响产品质量的控制和生产的速度，而且也不利于大批量生产。因此，改用提前熬好的红油，既能满足营养好、口味佳、速度快、卖相好的冷菜产品要求，也将是现代餐饮市场最受欢迎的品种。

（三）形态

在"形态"方面，样式变化种类繁多，不同的品种具有不同的造型，即使同一品种，不同地区、不同风味流派的冷菜也会千变万化。我们这里的"形态"创新，主要是在红油鸡丝装盘上创新，适当利用模具来改变菜肴装盘的形态。

四、师傅点拨

在制作红油鸡丝时煮制鸡脯肉水温控制在90℃左右，这样可以保持鸡肉的原汁原味、肉质细嫩，不会让鸡肉过于干柴。在口味上投放调味品要准确，拌制时要拌制均匀，以防还有未拌开的鸡丝，要使调味品充分融入鸡丝中。在口味的创新上可以把辣椒油替换成麻辣红油制作成麻辣口味鸡丝，或者在拌制时适量加入陈醋或柠檬汁制作成酸辣口味的鸡丝。在制作拌制类冷菜时，需要综合考虑选材、制作工艺、口味调整、健康考量以及菜品呈现等多个方面。这样才能做出既美味又健康的拌制类冷菜。

五、思考与练习

1.运用红油鸡丝烹调技法还可以制作哪些菜肴？请列举几道菜肴。

2.通过上课及扫码观看视频，独立完成红油鸡丝的制作，与家人分享并形成实训报告。

任务五　卤水鸭四件制作

1. 掌握卤水鸭四件的材料选择和处理方法。

2. 能够独立完成卤水鸭四件的制作，并掌握卤水鸭四件的烹饪时间和火候。

3. 培养学生对美食的热爱和烹饪的兴趣，增强学生的团队合作意识和创新思维能力。

课件　卤水鸭四件制作

任务导学

卤水鸭四件在制作过程中，首先要保证原材料的品质，以无异味、表面富有弹性、有一定光泽度为佳。在制作过程中，我们要注重菜肴的色、香、味、形、质、养。本次制作的卤水鸭四件以鸭胗、鸭肝、鸭肠、鸭膀爪为主要原材料，营养价值丰富，含有大量的蛋白质、微量元素以及多种矿物质，为人体提供不可缺少的营养物质。其中，铁元素比较丰富，适当的食用能够起到一定的补铁效果，可在一定程度上，预防缺铁性贫血。

卤水鸭四件的传说故事

卤水鸭四件始于唐朝时期。相传，有一段时间，魏征在宫中负责做鸭子的菜肴。有一次，他制作完卤水鸭后，看到还剩一些鸭内脏和鸭膀爪。他将这些剩余原料放入卤水锅中进行卤制。卤制完，其品尝后发现卤制的鸭四件风味独特，味道鲜美，于是他在后面制作卤水鸭时会把鸭内脏和鸭膀爪一起进行卤制。慢慢地，越来越多的人吃到了他卤的鸭四件，都赞不绝口。

《随园食单补证》中说："今人以鸡鹅鸭之肫、肝、心、肠谓之事件。"《金陵物产风土志》中则说："市肆诸鸭，除水晶鸭外，皆截其翼、足，探其肫、肝，零售之，名为四件。"现在也有饭店是拿鸭胗、鸭肝、鸭心、鸭膀爪作为鸭四件的，其精华是鸭膀爪。这些是运动部位的"活肉"，啃起来美滋美味，有嚼头。

一、操作过程

（一）操作准备

1. 原料、调料准备

鸭胗70克、鸭膀爪220克、鸭肠300克、鸭肝250克、生姜20克、小葱15克、香叶5克、小茴香5克、桂皮3克、花椒3克、白芷3克、丁香1颗、八角1颗、豆蔻3颗、良姜2克、草果半颗、盐750克、糖50克、味精100克、黄酒75克。

2. 用具准备

案台、刀砧板、菜刀、灶台、炒锅、不锈钢盆。

3. 工艺流程

（1）准备原料→焯水→卤制→改刀→装盘。

（2）准备卤料袋→准备香料→调制卤水。

视频　卤水鸭四件制作

4. 操作步骤

步骤1　初加工

步骤图	序号/图注/要领	步骤图	序号/图注/要领
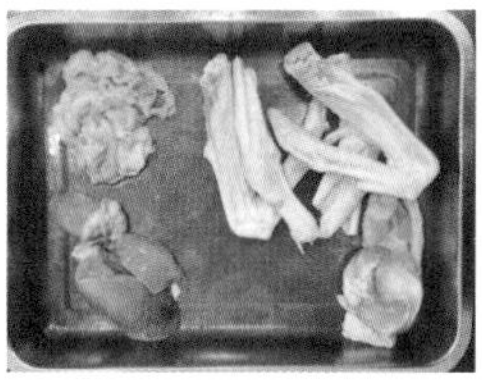 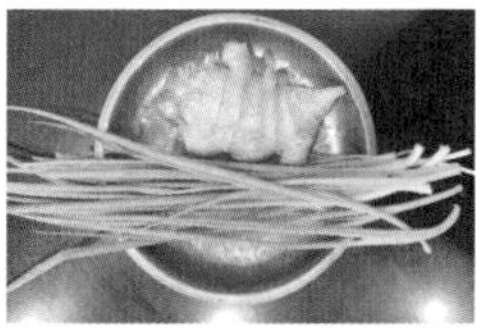  	准备材料：鸭胗70克、鸭膀爪220克、鸭肠300克、鸭肝250克、生姜20克、小葱15克、香叶5克、小茴香5克、桂皮3克、花椒3克、白芷3克、丁香1颗、八角1颗、豆蔻3颗、良姜2克、草果半颗、盐750克、糖50克、味精100克、黄酒75克 鸭胗、鸭膀爪、鸭肠、鸭肝要清洗干净 ①		将香叶5克、小茴香5克、桂皮3克、花椒3克、白芷3克、丁香1颗、八角1颗、豆蔻3颗、良姜2克、草果半颗，装入卤料袋中备用 卤水料包配比要准确 ②
			将鸭四件进行焯水处理并清洗干净 焯水过后的鸭四件要清洗干净 ③

步骤2　熟制处理

调制卤汤，在锅中加入清水、卤料包、生姜、小葱、盐、糖、味精、料酒，调制卤汤过程中，调味料配比要准确，卤汤口味要偏重。

步骤图	序号/图注/要领	步骤图	序号/图注/要领
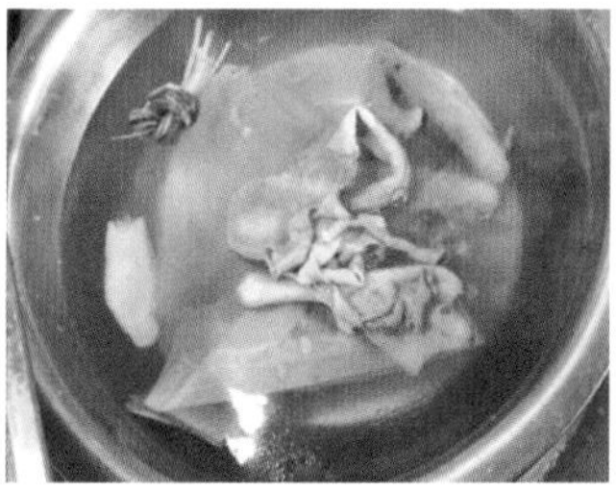	把焯水过后的鸭四件放入卤汤中，大火烧开转小火1小时 把握好卤制时间，防止食材过老影响口感 ①		将卤制好的鸭四件捞出晾凉 卤制好的鸭四件要凉透才能进行改刀处理 ②

步骤3　改刀装盘

步骤图	序号/图注/要领	步骤图	序号/图注/要领
	将卤制好的鸭四件进行刀工处理，按照装盘要求切成相应的形状 在改刀过程中要注意成品大小 ①		改刀好的鸭四件在装盘中要拼摆整齐 拼盘过程中，注意卫生 ②

二、操作过程

（一）成品特点

1. 卤味纯正，咸淡适度。

2. 油而不腻，卤香四溢。

（二）质量问题分析

1. 合理使用香料的品种。

2. 卤水的调制比例要准确。

3. 卤水鸭四件刀工处理要精细。

图5—5　卤水鸭四件

三、知识拓展

（一）原料

原材料是卤水鸭四件成形的基础。从材料着手，适当使用新型辅料，创新肉类品种，不失为一种冷菜创新的绝好途径。例如：把鸭四件改为鹅四件也可以做卤水冷菜。

（二）技法

在此道菜肴中，我们采用的是白卤的烹调技法。我们还可以根据地方饮食习惯采用其他的技法卤制。例如：红卤也可以制作此道菜肴。

（三）形态

在"形态"方面，样式变化种类繁多，不同的品种具有不同的造型，即使同一品种，不同地区、不同风味流派的冷菜也会千变万化。我们这里的"形态"创新主要是在卤水鸭四件改刀装盘上创新，要求简洁自然、形态饱满。

四、师傅点拨

鸭四件在清洗时要处理干净、要去除内脏表面多余油脂。鸭四件焯水处理是为了去除原料表面的杂质和脏物，焯水时间不宜过长以防变得硬糙。调制卤水时要合理使用香料的种类及数量，比如丁香在使用过程中不宜多放，丁香的香味霸道浓郁，穿透力特别强，如果用量过多，会导致卤水香过头而发苦。在卤制的过程中要注意火候的把控，大火烧开后要用小火慢慢卤制，这样可以保持鸭四件肉质细嫩，不会让鸭四件过于干柴。

五、思考与练习

1. 在制作冷菜的过程中如何正确使用香料？列举2—3种香料说出它们的特性和营养价值。

2. 通过上课及扫码观看视频，独立完成卤水鸭四件的制作，与家人分享并形成实训报告。

任务六 柠檬凤爪制作

1. 能够熟练掌握凤爪初加工制作工艺。

2. 熟悉柠檬凤爪的制作工艺流程以及关键要素。

3. 能够熟练地运用此菜烹调工艺学会举一反三。

课件 柠檬凤爪制作

任务导学

柠檬凤爪是一道以鸡爪为主要食材，添加柠檬汁和香料烹制而成的菜肴。柠檬凤爪的做法以煮制、泡、拌、腌制为烹饪方法，泡制的目的是让凤爪更有弹性，加入调味品的拌制、腌制使本菜更加入味。

柠檬凤爪的传说故事

据传，在清朝时期，南方有一位名叫张大妈的厨师，她擅长烹饪技艺，并且对于鸡爪的烹制有独到的见解。有一天，她在烹饪鸡爪时，意外地将柠檬汁洒入鸡爪炖煮的锅中，结果烹制出一道口感酸甜、爽口的独特菜肴。

张大妈将这道菜肴命名为"柠檬凤爪"，并且将其推向市场。由于其口味独特，迅速成为本地区的一道受欢迎的冷菜。随着时间的推移，柠檬凤爪逐渐走出南方，传播到其他地方，成为中国美食文化中的一道独特菜肴。如今，柠檬凤爪已经成为中国及其他地区的餐饮店中常见的美食之一，其酸甜的口味和独特的制作方法深受人们喜爱。

一、操作过程

（一）操作准备

1. 原料、调料准备

凤爪 500 克、小葱 10 克、生姜 10 克，盐 5 克、味精 1 克、白糖 10 克、料酒 10 克、柠檬 1 个、蒜泥 20 克、小米辣 5 克、生抽 10 克、陈醋 20 克、蚝油 5 克、香菜段 20 克、红油 20 克、洋葱丝 10 克。

2. 用具准备

砧板、菜刀、电子秤、灶台、炒锅、不锈钢盆。

3. 工艺流程

备料→改刀→焯水→煮制→冷却→拌制→装盘。

视频 柠檬凤爪制作

4. 操作步骤

步骤1　初加工

步骤图	序号/图注/要领	步骤图	序号/图注/要领
	准备材料：凤爪500克、小葱10克、生姜10克，盐5克、味精1克、白糖10克、料酒10克、柠檬1个、蒜泥20克、小米辣5克、生抽10克、陈醋20克、蚝油5克、香菜段20克、红油20克、洋葱丝10克 所有原料要清洗干净　①		凤爪洗净，凤爪改刀从凤爪两指之间斩断 凤爪要用剪刀或菜刀去除指尖　② 将焯过水的凤爪放入锅中大火煮开改小火煮30分钟，成熟后捞出放入冰水中泡制10分钟 成熟的凤爪需泡冰水，使口感更加有嚼劲　③

步骤2　刀工成型

将柠檬切片、蒜泥切末、小米切段、香菜切段、洋葱切丝，所有配料按要求切成不同形状

步骤3　拌制装盘

步骤图	序号/图注/要领	步骤图	序号/图注/要领
	将泡好的凤爪捞出，沥干水分，盆中放入凤爪、柠檬片、洋葱丝、小米辣、香菜段、盐、糖、味精、生抽、香醋、红油，搅拌，均匀腌制30分钟 调味品投放比例要准确　①		按金字塔的形状，从下往上依次堆放装盘 装盘要摆放整齐　②

二、操作过程

（一）成品特点

1. 酸辣爽口、肉质富有弹性。

2. 刀工细腻、成品大小一致。

（二）质量问题分析

1. 控制好凤爪的选料以及切配大小。

2. 味汁的比例要准确。

3. 柠檬凤爪摆盘要精细。

图5—6　柠檬凤爪

三、知识拓展

（一）原料

原材料是制作此菜的基础，要从原材料入手，运用相同的操作技法，能够制作出不同的菜肴。例如：把凤爪改为各类可腌制的肉类原料，能够制作出类似菜肴。

（二）技法

随着现代社会的高速发展，越来越多的食材涌现在人们的餐桌上。有效利用好这些食材，运用恰当的腌制手法，便能够做出更多具有特色的冷菜出来。

（三）形态

此菜的原材料可以是各类肉性和植物性原料如虾、萝卜、猪耳朵等。在拌制时可加入少许小米椒圈增加辣味，还可以加入可直接生食的蔬菜，以丰富冷菜的颜色和口感。

四、师傅点拨

在制作柠檬凤爪的过程中，焯水的目的是去除凤爪表面的脏物和异味以及骨头中的血水和残留物。在煮制时要用小火慢慢煮制，水温控制在90℃左右，水温过高会导致凤爪肉质过于软烂。成熟后要用冰水浸泡，这一步的目的是使凤爪迅速降温，防止继续熟透，同时还可以使凤爪的口感更加爽脆，更具嚼劲。在处理柠檬时要去籽，柠檬籽会产生苦味对菜肴口味有所影响。在凤爪调味拌制的过程中要拌制均匀并腌制30分钟，使其充分入味。

五、思考与练习

1. 酸辣味型的凉菜还有哪些？

2. 通过上课及扫码观看视频，独立柠檬凤爪的制作，与家人分享并形成实训报告。也可借鉴柠檬凤爪烹饪工艺，运用不同的食材制作两款菜肴。

任务七　三色蛋糕制作

1. 了解蒸制类菜肴的烹调方法及要领。

2. 熟练掌握蛋糕糊调制工艺及原料配比。

3. 能够在老师的指导下正确制作蒸制类菜肴。

课件　三色蛋糕制作

任务导学

鸡蛋食用价值高、营养丰富，是优质蛋白质、B族维生素的良好来源。它还能提供一定的脂肪、维生素A和矿物质，具有保护肝脏、健脑益智、保护视力等功效。三色蛋糕口感细嫩、色彩层次分明、营养丰富。

三色蛋糕是满汉全席中的一道传统菜肴。它以鸡蛋为主要食材，再辅以鲜奶、菠菜汁、白糖、辣椒粉，将鸡蛋打散加入牛奶，放入三个碗中，一个碗里加入一种辅料调匀，分别是白色、绿色、红色。调好的蛋液上笼用小火蒸熟，倒扣在盘中，即可食用。其特点是色彩鲜艳，口感丰富。

三色蛋糕经过厨师们的不断改良，去除了辣椒粉，增加了皮蛋，既提高了三色蛋糕的口感层次，又让色彩更加亮丽。从原有的三个碗蒸制的，改为用一个平底盘蒸制出三种颜色的鸡蛋糕，这种三色蛋糕味感丰富，层次分明，是宴席中难得的一道凉菜。

一、操作过程

（一）操作准备

1. 原料、调料准备

鸡蛋1000克、牛奶100克、皮蛋1个、菠菜250克、盐15克、味精6克、生粉100克。

2. 用具准备

砧板、菜刀、电子秤、灶台、蒸锅。

3. 工艺流程

备料→调制蛋液→蒸制→改刀→装盘。

视频　三色蛋糕制作

4. 操作步骤

步骤1　初加工

准备材料：鸡蛋1000克、牛奶100克、皮蛋1个、菠菜250克、盐15克、味精6克、生粉100克，菠菜要清洗干净，鸡蛋要新鲜

步骤图	序号/图注/要领	步骤图	序号/图注/要领
	将鸡蛋清、鸡蛋黄、鸡全蛋分别放入三个盆里，放入盐、味精、牛奶、水淀粉，搅拌均匀 盐、味、牛奶、水淀粉等调味品要投放准确		鸡蛋清里加入切好的皮蛋粒，全蛋液里加入用菠菜榨取的菠菜汁，分别搅拌均匀 皮蛋刀工处理要大小一致，榨好的菠菜汁要进行过滤，去除菠菜残渣
①		②	

步骤2 蒸制

步骤图	序号/图注/要领	步骤图	序号/图注/要领
	不锈钢平底盘刷好油 刷油的目的是防止蛋糕粘底 ①		将调好的蛋黄液倒入平底盘中，上笼用小火蒸至凝固 用小火蒸是防止蒸汽过大蛋糕内部会起孔 ②
	将调好的蛋清液倒在凝固的蛋黄糕上，上笼用小火蒸至凝固 小火蒸至成熟，防止蒸汽过大蛋糕内部会起孔 ③		将加入菠菜汁的蛋液倒在凝固的蛋白糕上，上笼用小火蒸至凝固 小火蒸至成熟，防止蒸汽过大蛋糕内部会起孔 ④

步骤3 装盘

步骤图	序号/图注/要领	步骤图	序号/图注/要领
	将蒸好的三色蛋糕冷却后倒出，蛋糕改刀成菱形块 改刀的蛋糕形状要大小一致 ①		装盘：将改刀成菱形块的三色蛋糕在盘中拼摆成大丽花造型 装盘时要拼摆整齐，盘中无蛋糕碎屑 ②

二、操作过程

（一）成品特点

1. 色彩鲜艳、层次分明、

2. 口感细嫩、营养丰富。

（二）质量问题分析

1. 控制好蒸制时蒸汽的大小。

2. 控制好蒸制时间。

3. 蛋液调制时配比要准确。

三、知识拓展

（一）原料

图5-7 三色蛋糕

三色蛋糕从传统的制作工艺经过厨师不断改进，演变成宴席上制作精细、口感细腻、营养丰富的菜品，是不断创新而成的。从原材料来说它是禽蛋类食材，使用其他原料，例如：把鸡蛋改为其他禽蛋类原料，能够制作出类似菜肴。

（二）技法

三色蛋糕采用蒸制的烹调技法，随着时代的发展人们对于饮食营养的要求不断地提高。我们在制作此菜过程中在蛋液里适当加入不同颜色的蔬菜汁，不仅可以增加此菜的色彩，同时可以提高此菜的营养价值。同时还可以尝试改变烹调技法，利用西点做蛋糕的原理把蛋液打发，把蒸制改为烤制能够改变整体菜肴的口感。

（三）形态

在形态方面，样式变化种类繁多，不同的品种具有不同的造型。即使同一品种，不同地区、不同风味流派的冷菜也会千变万化。我们这里的"形态"创新，主要是在三色蛋糕形状上创新，利用不同形状的模具可以制作出不同形状的三色蛋糕。

通过以上知识与技能的学习，找出创新点，根据对食材的变化的创新、技法、形态等原则，创造出新的产品，做到传承不守旧，创新不忘本。对拓展产品，要反复论证，共同研讨，不断修正，高质量地完成好产品的创新拓展，以满足不断发展的社会需求。

四、师傅点拨

在制作三色蛋糕的过程中调制好的蛋液表面会有一层气泡，在这里可以用餐巾纸覆盖在蛋液表面然后取出餐巾纸，这样可以把蛋液表面的气泡去除掉。在调制蛋液颜色时，可以通过加入不同的果蔬汁或果蔬粉进行调色。在口味上，可以做成咸鲜口，也可以通过加入白糖、炼乳等做成甜口，或者通过加入果汁调制成水果味。在蒸制三色蛋糕时需要在容器表面覆盖一层保鲜膜，在保鲜膜表面扎几个小孔。同时要控制好蒸汽的大小，蒸汽过大会导致蛋糕内部产生气孔、口感过老，从而影响三色蛋糕的口感。

五、思考与练习

1. 根据三色蛋糕的制作工艺，还能制作哪些菜肴？
2. 通过上课及扫码观看视频，独立完成三色蛋糕的制作，与家人分享并形成实训报告。

任务八　盐水鹅制作

学习目标

1. 掌握卤制盐水鹅卤料包中香料的种类与名称。
2. 在老师的指导下按照操作步骤能够完成盐水鹅的制作。
3. 通过学习盐水鹅制作能够学会举一反三制作其他冷菜。

课件　盐水鹅制作

任务导学

盐水鹅在制作过程中，不仅要注重主料配方，更要注重火候，以达到了色、香、味、形、质、养俱佳的效果。

鹅肉富含多种人体必需的氨基酸、亚麻酸、不饱和脂肪酸、优质蛋白质、矿物质及维生素等。脂肪含量很低，口感清香不腻。中医认为鹅肉性平、味甘，适量食用具有补阴益气、暖胃生津的功效。

盐水鹅的传说故事

盐水鹅是淮扬菜系的代表菜之一，迄今已经有2000多年的历史了。在江苏扬州地区，吃鹅的历史可以追溯到唐宋前。唐代诗人姚合在《扬州春词》中描述当时的扬州是"有地惟栽竹，无家不养鹅"，而盐水鹅的来历更是充满了神秘的色彩。

相传有一年，李白因得罪高力士等权贵罢官，周游四海，途经扬州时，见一个渔民在湖边养鹅。那鹅活蹦乱跳，便一时兴起，要买鹅煮来吃，渔农遂请李白回家品尝，但见渔农只加清盐和几味稀松平常的药材，文火慢炖两个时辰。揭盖那一刻，香气满堂，三日绕梁不绝。李白尝过之后，感觉回味无穷，惊为仙界之食。于是，他连夜写了一封奏书，将盐水鹅送往京城，进贡给唐明皇。皇帝品尝之后赞不绝口，问起美食名称，李白想起老农在制作时只加了盐巴，忙唤道"盐水鹅"。于是乎，盐水鹅的名号响彻天下！

一、操作过程

（一）操作准备

1. 原料、调料准备

老鹅1只、生姜100克、小葱50克、香叶15克、小茴香10克、桂皮5克、花椒15克、白芷5克、丁香2颗、八角5颗、豆蔻5颗、良姜6克、草果2颗、盐1500克、糖100克、味精200克、黄酒150克。

2. 用具准备

案台、刀砧板、菜刀、灶台、炒锅、不锈钢盆。

3. 工艺流程

（1）准备原料→腌制→焯水→卤制→改刀→装盘。

（2）准备卤料袋→准备香料→调制卤水。

4. 操作步骤

视频 盐水鹅制作

步骤1 初加工

步骤图	序号/图注/要领	步骤图	序号/图注/要领
	准备材料：老鹅1只、生姜100克、小葱50克、香叶15克、小茴香10克、桂皮5克、花椒15克、白芷5克、丁香2颗、八角5颗、豆蔻5颗、良姜6克、草果2颗、盐1500克、糖100克、味精200克、黄酒150克		盐、花椒、八角倒入锅中炒制花椒盐。将炒好的花椒盐均匀地揉搓到老鹅表面及内膛，要求腌制10小时 炒制花椒盐不能炒煳

②

（续表）

步骤图	序号/图注/要领	步骤图	序号/图注/要领
 	老鹅要去除内脏，清洗干净 ①		将香叶15克、小茴香10克、桂皮5克、花椒15克、白芷5克、丁香2颗、八角5颗、豆蔻5颗、良姜6克、草果2颗，装入卤料袋中备用 ③
		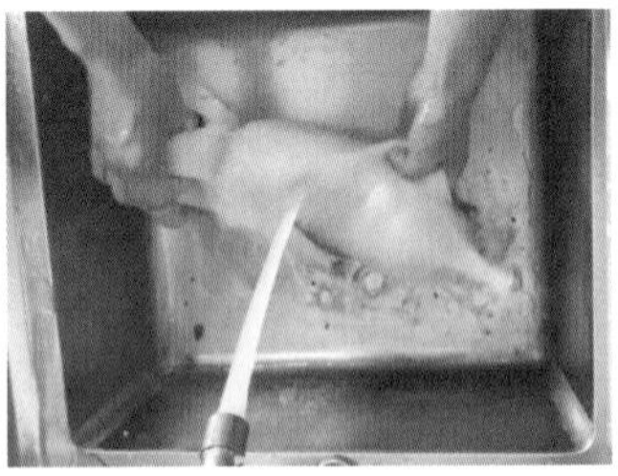	腌制好的老鹅清洗干净，进行焯水处理 焯水时要去除水中杂质，焯水时间不宜过长 ④

步骤2　熟制处理

🅵 调制卤汤：在锅中加入清水、卤料包、生姜、小葱、盐、糖、味精、料酒。卤汤调制过程中调味料配比要准确，卤汤口味要偏重。

步骤图	序号/图注/要领	步骤图	序号/图注/要领
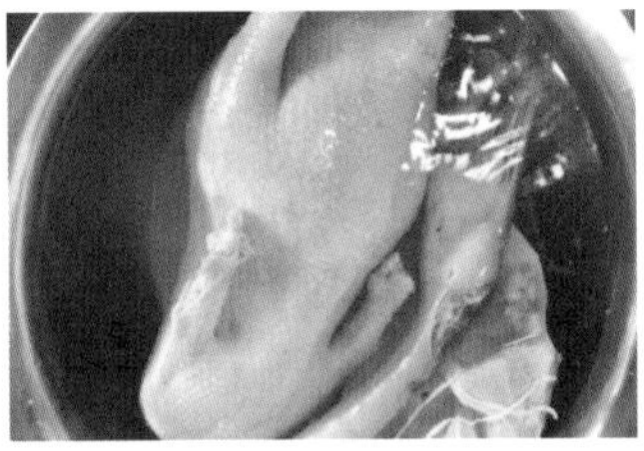	将焯水过后的老鹅放入卤汤中，大火烧开转小火3~4小时 把握好卤制时间 ②		将卤制好的老鹅捞出晾凉 卤制好的老鹅要凉透才能进行改刀处理 ③

步骤3　改刀装盘

步骤图	序号/图注/要领	步骤图	序号/图注/要领
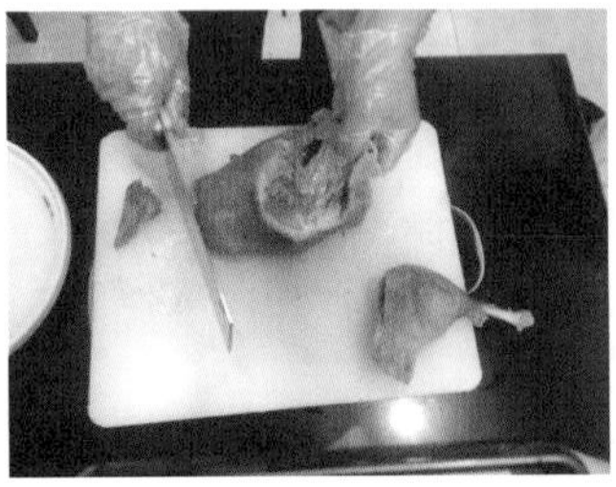	取四分之一卤制好的老鹅进行刀工处理，按照装盘要求，剁成大小一致的长条块 在改刀过程中要注意成品大小 ①	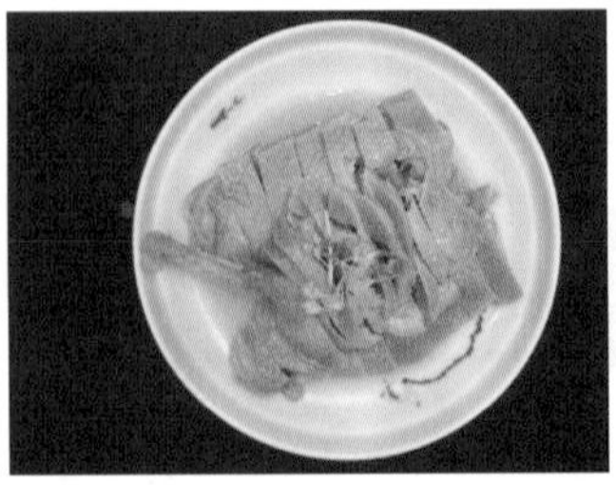	装盘要求摆放整齐、匀称，采用叠的技法进行装盘，并浇上卤汁 ②

二、操作过程

（一）成品特点

1.肉质紧实、肥而不腻。

2.口味咸香、风味独特。

（二）质量问题分析

1.应控制好香料的使用量。

2.卤水的调制比例要准确。

3.盐水鹅成品摆盘要精细。

图5—8　盐水鹅

三、知识拓展

（一）原料

盐水鹅的主料是老鹅，老鹅品质的好与坏直接影响此菜肴的质量。从原材料来说它是家禽类食材，使用其他原料，例如：把老鹅改为各类可卤制的家禽、家畜类原料，能够制作出类似菜肴。

（二）技法

随着现代社会的高速发展，人们对烹饪技艺的要求越来越精细。一般饭店和高档餐厅、高档宴会都需要制作精细冷菜。传统卤水制作大多是经过长时间的手工操作，不仅会影响口味的控制和生产的速度，而且也不利于大批量生产，因此，运用一些特殊调味品，可以缩短卤水调制时间，还可以满足营养好、口味佳、速度快、卖相好的冷菜产品要求，在现代餐饮市场广泛运用。

（三）形态

在形态方面，样式变化种类繁多，不同的品种具有不同的造型。即使同一品种，不同地区、不同风味流派的冷菜也会千变万化。我们这里的"形态"创新，主要是在盐水鹅改刀装盘上创新，要求刀工精湛、形态饱满。

四、师傅点拨

在盐水鹅的制作工艺过程中花椒盐提前炒制是为了激发香料中的香味，在腌制鹅肉时能够更好地使香料的香味渗透到鹅肉中去。在焯水的过程中要去除水中的杂质，以防杂质附着到鹅肉表面。调制卤水时要合理使用香料的种类及数量，不宜过多，也不宜过少。香料过多其香味会覆盖鹅肉的原有香味，香料过少其香味就无法体现出来。同时在卤制的过程中要注意火候及时间的把控，大火烧开后要用小火慢慢卤制，这样可以保证盐水鹅肉质紧实细嫩。但卤制时间不宜过长防止盐水鹅肉质过于软烂而无法改刀成型。

五、思考与练习

1.盐水卤的制作工艺的难点在哪里？

2.通过上课及扫码观看视频，独立盐水鹅完成的制作，与家人分享并形成实训报告。

项目六　水产品类冷菜制作

一、学习目标

（一）知识目标

1. 掌握水产品类的质量控制、原料选择。

2. 熟练掌握不同原料加工的刀工成型技巧及手法运用。

3. 把控好不同菜品的制作时间及火候油温。

（二）技能目标

1. 掌握水产品类原料制作冷菜的加工工艺。

2. 掌握水产品类冷菜制作过程中技法的运用。

（三）素养目标

1. 激发学生对中华优秀文化的热爱，树立传承中华饮食技艺的责任感，培养学生大国工匠精神。

2. 把水产品类菜肴装盘成不同的造型，培养学生对烹饪的美学意识。

3. 能够灵活举一反三地选择当地应季食材，做到物尽其用，不浪费材料。

4. 制作过程中组员之间紧密配合，培养团队合作意识。

5. 保持环境与个人卫生，树立食品安全意识。

二、项目导学

通过讲授、演示、实训，使学生了解和熟悉水产品类原料的历史渊源，掌握不同水产品类原料的制作工艺和制作要领，掌握九种水产品类冷菜制作的技法。在教学的过程中，促进学生对中华饮食文化和技艺的传承，为创新发展奠定基础。同时，培养学生强化团队合作、资源节约、食品安全等意识。

任务一 茶香熏鱼制作

1. 了解熏鱼制品菜肴的烹调方法及要领掌握。

2. 掌握淡水鱼类基本特性及初步加工方法。

3. 能够在老师的指导下正确制作熏制品菜肴。

课件 茶香熏鱼制作

任务导学

熏鱼的叫法有很多种，根据不同地区和制作方法的不同，常见的有以下几种：烟熏鱼、木熏鱼、熏制鱼、烟熏鲑鱼，以上是一些常见的熏鱼叫法，不同地区和文化背景可能还有其他的叫法。但是酒店菜单和政府外事宴请中译（smoked fish）都选择称呼为"熏鱼"。上海自1843年开埠到1949年解放，熏鱼一直是上海地区的老牌菜肴，尤其是传统菜老八样里不可或缺的拼盘配料和三鲜砂锅的原料之一。从上海解放到改革开放，熏鱼也是上海酒楼和店铺熟食的主打冷菜。长期以来，上海山林熟食继承传统的做法，使本帮熏鱼成为上海百姓餐桌喜闻乐见的冷菜之一。

苏式熏鱼材料采用草鱼（或鲤鱼）中段，卤料有葱姜、酱油、黄酒、盐、糖、五香粉、香油，做法将鱼洗净沥干，由背部对切开成为两大块后，再直接切成八块斜片，葱与姜拍碎后放在大碗内，加入酱油、酒、盐拌匀，再将鱼片放进腌泡4小时左右，花生油烧热后将鱼片分两批落锅炸酥（每批约炸3分钟左右）捞出后沥干，随即趁热泡入糖水中浸泡4分钟左右。当第二批鱼炸好时，即可将第一批泡在糖水中之鱼片夹出装盘，续泡第二批鱼片。将炸鱼之油倒出，锅中倾下原来泡鱼汁酱油汁，并加入少许麻油煮滚后熄火，将泡过糖水之鱼片落入锅中翻覆两面沾浸一下即可装盘，待冷后供食。苏式熏鱼从清代认知为"行远最宜"旅行所携带的食品到今天餐桌上美食，其发展演变的脉络非常清晰。

一、操作过程

（一）操作准备

1. 原料、调料准备

净鱼肉500克、生姜20克、大葱40克、香叶2克、桂皮5克、八角5颗、盐5克、糖100克、味精5克、黄酒100克、老抽3克、茶叶水50克、胡椒粉3克。

2. 用具准备

案台、刀砧板、菜刀、灶台、炒锅、粗漏勺、不锈钢盆。

3. 工艺流程

宰杀→清洗→改刀→腌制→炸制→制卤→浸泡→装盘。

视频 茶香熏鱼制作

4. 操作步骤

步骤 1　初加工

步骤图	序号/图注/要领	步骤图	序号/图注/要领
	准备材料：净鱼肉 500 克、生姜 20 克、大葱 40 克、香叶 2 克、桂皮 5 克、八角 5 颗。盐 5 克、糖 100 克、味精 5 克、黄酒 150 克、老抽 3 克、茶叶水 50 克、胡椒粉 3 克 鱼要宰杀去除鱼鳞、鱼鳃及内脏，清洗干净，再用清水浸泡，去除掉鱼肉中的血水　①		改刀处理：将洗净的草鱼取下头、尾，鱼中段沿脊椎骨用批刀法劈成两半，再改刀成厚薄一致的瓦块状 鱼肉刀工处理上要注意厚薄大小均匀，便于后期熟制入味 腌制入味：将改刀后的鱼块加葱、姜、老抽、盐、糖、味精、胡椒粉、茶叶水搅拌均匀，腌制 4 小时 老抽的量要控制好，调色很关键；在放入葱、生姜时要用手挤压出葱姜水，这样腌制出来的鱼肉会更具味　②

步骤 2　熟制处理

步骤图	序号/图注/要领	步骤图	序号/图注/要领
	热锅滑油：油温热至六成，下入提前腌好的鱼块，炸至鱼块干酥； 热锅滑油时注意，一定要热锅冷油否则容易粘锅； 炸制的过程中注意保障鱼块的完整　①		调制卤汁，热锅滑油依次下入葱、姜、香料炒香，再加入老抽、糖、味精、胡椒粉、茶叶、水，调味后烧至汤汁浓稠 调制卤汁时注意口味、颜色的把控，因为鱼块已经腌制过了，卤汁如果味重会导致出品过咸　②
	将炸好的鱼块放入汤汁中浸泡入味收汁即可； 收汁过程中，注意不停晃动锅，防止糊锅　③		要求摆放整齐、匀称、采用叠的技法进行装盘 装完盘之后记得淋上多余的酱汁，既好吃也美观　④

二、操作过程

（一）成品特点

1.茶香沁人、外酥里嫩。

2.味道浓郁、汤汁浓厚。

（二）质量问题分析

1.应控制好香料的使用量。

2.酱汁的调制比例要准确。

3.熏鱼成品摆盘要精细。

图6-1　茶香熏鱼

三、知识拓展

（一）原料

青鱼是制作此菜的基本原料，现在酒店餐饮行业用创新烹饪技法制作各类口味的熏鱼。从最初的糖醋味、茶香味到现在的麻辣味、酸辣味、酱香味等。现在也有许多酒店用黑鱼、鲈鱼、草鱼等原材料入手制作出类似的菜肴。

（二）技法

随着现代社会的高速发展，调味品的种类日渐增多，酱油品种愈来愈多，主要分为老抽和生抽两大类，容易使人迷糊，不过只需记住一个口诀，对于酱油的使用就会更加准确，"老抽来提色，生抽来提鲜"。

（三）形态

熏鱼是一款独特的风味冷菜，在"形态"方面，熏鱼摆盘可以巧妙地与花色冷拼相结合，利用熏鱼制作成象形假山等形态，也可以将鱼肉切成薄片后进行卤熏。鱼肉也可以切成丝状进行卤熏。除了以上形态的拓展，不同地区和文化背景下，还有一些特色的熏鱼制作方法和形态，例如挪威的熏鱼：将鱼肉切成大块，进行特殊的腌制和熏制过程，制成有浓郁橡木烟熏味道的熏鱼。中国的江鱼熏制：使用江鱼进行熏制，江鱼鱼肉肥嫩，经过熏制后味道鲜美。

四、师傅点拨

制作熏鱼需要选择合适的鱼类，比如：草鱼、青鱼或鲢鱼都可以。关键是把握好操作的三个要素"腌、炸、浸"。首先是腌制：将切好的鱼块加入盐、料酒、酱油、葱、姜等调料拌匀后腌制的时间，以确保鱼肉充分吸收调料的味道。其次是炸制鱼肉，油的温度把握是关键；六成油温鱼块下锅，不要翻动鱼块，容易造成鱼肉破碎，等鱼块定型后再轻轻分开粘连在一起的鱼块，直到炸制两面金黄，鱼肉酥透，捞出沥油。最后是浸泡，制作浸泡汁非常重要；不同地区和个人口味的差异，可以根据喜好具体添加不同的调味料，但在制作汤汁时一定要熬至汤汁浓稠再浸泡鱼肉，这样才能让炸酥的鱼肉充分吸收汁料的味道。

五、思考与练习

1.除上述鱼类品种外，还有哪些鱼类及其他食材可以作为熏制类菜肴？请列举并说出不同的食材在加工过程中需要注意哪些方面？

2.通过上课及扫码观看视频，独立完成茶香熏鱼的制作，与家人分享并形成实训报告。

任务二　葱油海蜇制作

课件　葱油海蜇制作

学习目标

1. 了解葱油海蜇的烹调方法及要领掌握。

2. 掌握海蜇的特性，在制作过程中需要注意的技法。

3. 能够在老师的指导下正确制作葱油类菜肴。

任务导学

海蜇，属暖水性大型水母。海蜇为雌、雄异体，其性别从外形上不容易鉴别。海蜇分布于中国东部沿海等水域，在朝鲜、日本等水域也均有分布。海蜇是一种生命周期短、生长快的大型水母，生命周期约为1年。新鲜海蜇的刺丝囊内含有毒液，毒素由多种多肽物质组成，人接触海蜇的触手会被触伤，严重时还会出现呼吸困难、休克等症状甚至危及生命。

葱油海蜇用炝的烹调方法制作。炝是制作冷菜常用的方法之一，所用的调料仅有精盐、味精、蒜、姜、葱油和花椒油等几种，成品具有无汁，口味清淡等特点。炝菜的特点是清爽脆嫩、鲜醇入味。炝菜所用原料多是各种海鲜及蔬菜，还有鲜嫩的猪肉、鸡肉等原料，后经冰水炮制去主骨的摆盘工艺，可以配各种佐料如、生抽、辣汁、生姜汁等。

葱油海蜇的历史典故

葱油海蜇是一道南方菜肴，其历史典故可以追溯到唐朝时期。据传，唐代有一位名叫杨素的宫廷大厨，他擅长烹饪海鲜，并广受赞誉。有一次，杨素正在宫廷内准备晚宴，他打算炮制一道新颖美味的海鲜菜肴。他发现厨房里只有一些海蜇，而他又想将这道菜做得与众不同。因此，他决定利用他在烹饪方面的才华，结合传统的葱油烹饪技巧，将海蜇烹制成一道令人惊艳的菜肴。杨素将海蜇切成细丝，然后将葱切成末，用热油将葱末爆香。随后，他将海蜇丝倒入锅中快速翻拌，使其更加鲜嫩。最后，杨素加入适量的盐、糖和醋，调整味道，并摆盘装饰。这道独特的葱油海蜇菜肴一经上桌，立即受到了宫廷贵族的喜爱。大家称赞这道菜肴的口感清爽，而且葱油的香气与海蜇的鲜嫩相得益彰。这道菜肴很快在宫廷中流传开来，并逐渐传入民间。随着时间的推移，葱油海蜇逐渐成了一道广受欢迎的传统菜肴。

一、操作过程

（一）操作准备

1. 原料、调料准备

白萝卜250克、小葱50克、盐10克、味精1克、白糖5克、盐2克、白胡椒2克、芝麻油50克。

2. 用具准备

砧板、菜刀、电子秤、灶台、炒锅。

3. 工艺流程

清洗→浸泡→改刀→腌制→拌制→装盘。

视频　葱油海蜇制作

4. 操作步骤

步骤1 初加工，刀工成型

步骤图	序号/图注/要领	步骤图	序号/图注/要领
	白萝卜洗净切丝 要求刀工处理得当、粗细要均匀 ①		海蜇皮泡水去盐，洗净切丝 要求刀工处理得当、粗细要均匀 ②

步骤2 腌制

萝卜丝放盐腌制30分钟，盐要撒均匀，拌制时要轻。

步骤3 熟制

步骤图	序号/图注/要领	步骤图	序号/图注/要领
	锅里放水，水温控制在40℃，将切好海蜇丝下锅30秒后捞起，沥干水分 水温过高容易把海蜇烫缩 ①		腌制好的白萝卜丝挤干水分，与海蜇丝均匀地拌开，加入盐、糖、味精、白胡椒拌匀 各类调味品要在味汁中充分融化，不可结块 ②
	锅洗净放入芝麻油，放入切好的葱花，中小火炸香 葱花炸的时候油温不能高，易糊 ③		装盘：将淋入葱油的海蜇丝拌匀，装盘即可 装盘以堆入方式或者使用模具方式成型都可以 ④

二、操作过程

（一）成品特点

1. 口味清香、葱香味浓郁。

2. 脆嫩爽口，老少皆宜，营养丰富。

（二）质量问题分析

1. 应控制好刀工技能，萝卜丝腌制好与海蜇丝粗细均匀一致。

2. 炸葱油味汁的颜色与香味要相得益彰。

3. 多样法的摆盘要便于食用。

图6-2 葱油海蜇

三、知识拓展

（一）原料

本菜原材料可以使用各类脆性原料如心里美萝卜、莴苣、黄瓜等。在拌制时可以加入少些红绿辣椒增加淡淡的辣味。

（二）技法

除了上述的原料切丝，主配料还可以切斜片进行焯拌。根据原料的种类不同蔬菜可以采用生拌，熟拌和生熟混合拌法。

（三）形态

本课制作的葱油海蜇丝采用抓摆的成型手法，也可以使用圆形模具、钻石模具，按压成各类形状。

四、师傅点拨

此道菜肴采用的是海蜇皮制作，海蜇皮比较咸，需要放在冷水里浸泡，用手轻轻地搓揉海蜇皮，其中更换几次清水使盐分充分析出，方便后续的调味。注意烫海蜇的水温不能太高，否则海蜇收缩变老而改变质感。

五、思考与练习

1.海蜇头与海蜇皮在制作技法上应该注意哪些方面？还有哪些海藻类产品适合制作葱油类菜肴？

2.通过上课及扫码观看视频，独立完成葱油海蜇的制作，与家人分享并形成实训报告。

任务三　姜丝脆鳝制作

1.了解鳝鱼丝的操作步骤及制作此菜的烹饪工艺。

2.掌握黄鳝、鳗鱼类基础知识，熟知无鳞鱼的宰杀清洗技巧。

3.能够在老师的指导下正确制作鳝鱼类菜肴。

课件　姜丝脆鳝制作

—— 任务导学 ——

鳝鱼属水鲜，除西北地区及东北北部外，全国各地均有分布。具有益气血，补肝肾，强筋骨，也是淮扬菜中主要之一，淮扬菜系中的全鳝席，共有108道全部由鳝鱼做成的美味佳肴，脆鳝，是江南地区中别具一格的传统名菜，饮誉海内外。此菜据传是由太湖船菜——脆鳝发展而来的。脆鳝已有100多年的历史，它是淮阳冷菜的明珠。

本节课姜丝脆鳝用拍粉脆炸的烹饪技法，脆炸在烹饪中广泛运用，热菜中的松鼠鳜鱼是典型代表之一，在冷菜制作中使用脆炸方法的原料必须加工成丝、薄片等小型原料便于入味，不易回软。

姜丝脆鳝历史典故

脆鳝亦名甜鳝，相传始创于一百多年前的太平天国时期，清末民初，脆鳝已用作筵席大菜。1920年后，开设在惠山的"二泉园"店主朱秉心对家传脆鳝制法悉心研究，使之愈加爽酥、鲜美，颇具特色，远近闻名。因朱秉心习惯于戴着大眼镜做菜，因此人们又称此菜为"大眼镜脆鳝"。

一、操作过程

（一）操作准备

1. 原料、调料准备

黄鳝3条、小葱10克、生姜20克、淀粉70克、盐2克、香醋40克、糖35克。

2. 用具准备

砧板、菜刀、电子秤、灶台、炒锅。

3. 工艺流程

宰杀→清洗→改刀→腌制→拍粉→炸制→调汁→装盘。

4. 操作步骤

视频　姜丝脆鳝制作

步骤1　初加工

步骤图	序号/图注/要领	步骤图	序号/图注/要领
	将鳝鱼开膛洗净 鳝鱼体表黏液要处理掉 否则打滑 ①		去掉鳝鱼的龙骨，拍成鳝鱼片，用刀切成鳝丝 要熟悉鳝鱼的生长结构，刀工处理时就比较方便 ②

步骤2　刀工成型

步骤图	序号/图注/要领	步骤图	序号/图注/要领
	鳝丝切成5厘米长，加入料酒、葱、姜片、盐、味精入味30分钟 切丝后用醋和盐搓洗干净 ①		捡出葱姜，鳝丝拍粉，入油锅六成油温炸制 入油锅要一根根地快速从不同的位置下入 ②
	鳝丝炸硬后捞起，油温升温到九成，复炸至金黄色捞起 ③		锅里放油与水，加入白糖、盐、香醋熬制味汁、倒入炸好的鳝丝，翻锅淋芝麻油起锅 味汁要熬到黏稠，火候要掌控好，不能熬煳 ④

步骤3　制熟装盘

用筷子将脆鳝一根根架起摆盘，摆成下大上尖的假山型（摆假山时下手要轻，假山要摆得高），将切好的生姜丝放在顶端即可。姜丝脆鳝成品如图6－3所示。

二、操作过程

（一）成品特点

1. 口感松脆、甜中带咸。

2. 褐色乌亮，味浓汁酸。

（二）质量问题分析

1. 油温控制的技能。

2. 味汁调制的时间与火候的把控。

3. 假山装盘法的摆盘。

图6－3　姜丝脆鳝

三、知识拓展

（一）原料

本菜原材料可以使用素菜制作，如香菇。香菇浸泡后去水，切成条入味做出来的"脆鳝"完全可以以假乱真。也可以用牛肉、鱼肉按此方法做成香辣、甜辣的脆牛丝和脆鱼条。

（二）技法

这道成品脆鳝在口味上可以利用油炸卤浸的烹饪方法制作出不同口味的冷菜。

（三）形态

本课制作的姜丝脆鳝是运用条形摆成假山型，根据烹饪方法，该菜肴出锅后可以用手心把鳝丝捏成圆球形和正方形，由于质地与烹调的特殊性不建议单个成品形状过大。

四、师傅点拨

脆鳝是一道具有悠久历史的传统名菜，这离不开历代厨师们的精心制作。"传承烹饪文化，弘扬工匠精神"是当代厨师责任，一旦选定烹饪行业，就一门心思扎根下去；要有一种几十年如一日的坚持与韧性，以凝神聚力、追求极致的职业品质去研究去创新，才能将这些流传已久的美食继续传承下去。

五、思考与练习

1. 什么叫复炸重油？特点是什么？想一想哪些冷菜制作需要复炸重油？

2. 通过上课及扫码观看视频，独立完成姜丝脆鳝的制作，与家人分享并形成实训报告。

任务四　酱香墨鱼制作

学习目标

1. 了解酱制品菜肴的烹调方法及要领掌握。
2. 掌握海产品类基础知识，了解墨鱼的初加工及制作要领。
3. 能够在老师的指导下正确制作酱制品菜肴。

课件　酱香墨鱼制作

任务导学

墨鱼有多种叫法，常见的有乌贼、目鱼、墨斗、乌鱼、花枝等。

本节课酱香墨鱼的做法以烧为烹饪方法，初加工处理后经过焯水再烹制的方法制作。焯水的目的是去除墨鱼本身的腥味，缩短烹饪的时间，最后大火收汁使菜肴二次入味。

酱香墨鱼的历史典故

据说，在中国古代有一位名叫季札的人，他嗜好品尝美食，尤其喜欢吃墨鱼。有一天，季札在宴会上品尝到一道特别美味的墨鱼时，他赞不绝口。宴会结束后，季札请求厨师将独特的配方告诉他。厨师被季札的诚恳所感动，便透露此菜肴在制作时加入了独特的调味品及一种叫"酱香"的调料，就是这种调料赋予了墨鱼独特的香味。回来后，季札反复试做，在原有的配比上调整酱料的用量，终于做出了令其满意的酱香墨鱼。此菜一推出，便受到许多人的喜爱，成为一道备受推崇的美食。

一、操作过程

（一）操作准备

1. 原料、调料准备

新鲜墨鱼550克、大葱15克、生姜15克、黄酒20克、南乳汁50毫升、八角2粒、桂皮5克、冰糖30克。

2. 用具准备

砧板、菜刀、不锈钢盆、灶台、炒锅。

3. 工艺流程

清洗→改刀→焯水→烧制→冷却→装盘。

4. 操作步骤

视频　酱香墨鱼制作

步骤1　初加工

步骤图	序号/图注/要领	步骤图	序号/图注/要领
	准备材料：按照配料单准备好原料。 墨鱼初加工后洗净、大葱去根、生姜去皮清洗干净　①		先把墨鱼改大片、大葱改刀成长约5厘米段、姜切片 要求刀工处理得当　②

步骤2　加热烹制

步骤图	序号/图注/要领	步骤图	序号/图注/要领
	锅中加入清水，加葱段、姜片、黄酒10克，烧沸下入改刀后的墨鱼，开后撇去浮沫至煮透后捞出冲凉沥水 要求焯透去除腥味　①		炒锅烧热下入色拉油、烧热下入葱段、姜片煸香，下八角、桂皮出香，下墨鱼、黄酒、南乳汁、清水及冰糖烧开，加盖转中小火约40分钟后大火至汤汁收干，出锅盛入盆中 根据原料的老嫩注意加工时间　②

步骤3　装盘

步骤图	序号/图注/要领	步骤图	序号/图注/要领
	将已加工好且晾凉的墨鱼进行改刀 刀工均匀、整齐划一　①		装盘：要求冷菜装盘，富有新意、赏心悦目、立体感强 此菜外表红色，肉质是白色，在改刀时，刀刃要快，菜肴红白分明，肉质上不能沾到红色　②

二、操作过程

（一）成品特点

1.色泽红亮、质感适口。

2.鲜香味美、风味独特。

（二）质量问题分析

1.应选择新鲜的墨鱼、初加工的方法。

2.控制好墨鱼焯水的时间。

3.调味合理。

三、知识拓展

（一）原料

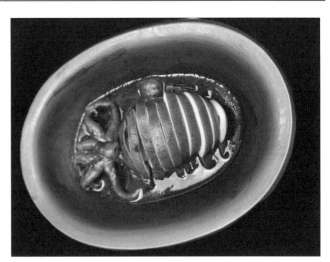

图6—4　酱香墨鱼

新鲜的墨鱼是制作此菜的基础，从原料着手，适当使用新型技法或调味料，创新墨鱼菜品种，不失为一种创新的途径。例如以泡椒、墨鱼为原料制作泡椒墨鱼冷菜，还有在拌制时加入芥末调味料制作的芥汁墨鱼，既丰富了菜品的种类，又满足了食客不同的口味需求。

（二）技法

酱香墨鱼是一道特色美食，它以墨鱼为主料，搭配酱料烹制而成。以下是酱香墨鱼的技法：

1.酱料创新：传统的酱香墨鱼通常使用豆瓣酱、生姜、蒜等调料炒制，可以尝试使用其他的调料进行创新，如辣椒酱、花椒粉、五香粉等，增加更多的口味层次。

2.腌制墨鱼：在烹制酱香墨鱼之前，可以事先将墨鱼进行腌制，使其更加入味。可以用料酒、酱油、姜片、蒜末等腌制墨鱼片，便于入味。通过以上的技法，可以为酱香墨鱼增加更多的口味变化，丰富食客的味蕾体验。

（三）形态

酱香墨鱼是一种传统中式冷菜，以墨鱼为主料，用酱油、香料、调味料烹制而成。它的形态可以摆成桥梁型、马鞍形、半球形等，可进行一定的拓展，以下是一些可能的形态：

1.墨鱼大烤（桥梁型）：将煮熟的酱香墨鱼切成块或片，摆放在盐水花生米上，再淋上一些酱汁，形成一道美味的冷菜。

2.凉拌酱香墨鱼丝（半球形）：将煮熟的酱香墨鱼切丝，添加一些蔬菜丝、豆芽等作为配料，形成一道美味的冷菜。

3.酱香墨鱼卷（牡丹花型）：将卤制好的酱香墨鱼片，加入盐水鸭肉和一些蔬菜、酱料卷起来，形成一道美味的冷菜。

4.墨鱼沙拉（几何形）：将煮熟的酱香墨鱼切丝或片，和蔬菜、水果等拌在一起，加入一些沙拉酱和调味料，形成一道清爽可口的沙拉。

这些形态的拓展可以根据个人口味和喜好进行调整和创新，加入不同的食材和调料，打造出更多样化的酱香墨鱼菜品。

四、师傅点拨

在这道菜肴制作过程中，为了菜肴呈现的造型更加美观，在墨鱼的反面剖斜一字型花刀；焯水定型后加调料进行制作。同时在酱汁上可以增加成品酱料来丰富菜肴的口味，如：排骨酱、海鲜酱等。创新方面举一反三，制作出更多的美味菜品。

五、思考与练习

1.请结合酱香墨鱼的制作，谈谈在操作中应注意哪些工艺要点？

2.通过上课及扫码观看视频，独立完成酱香墨鱼的制作，与家人分享并形成实训报告。

任务五　银芽鲍鱼丝制作

1.了解银芽鲍鱼丝的制作工艺及要领掌握。

2.掌握鲍鱼的基础知识及种类，熟悉鲍鱼的品质鉴别。

3.能够在老师的指导下正确制作酱制品菜肴。

课件　银芽鲍鱼丝制作

任务导学

银芽鲍鱼丝在制作过程中，不仅注重主辅料选料，更注重火候，才能达到了色、香、味、形、质俱佳的水平。银芽鲍鱼丝是我们在传统菜肴的基础上进行了改良，采用鲜活鲍鱼仔制作，其中含有的维生素，能够促进人体的新陈代谢。

银芽鲍鱼丝的历史典故

古时候，在东南沿海一带有一位名叫张银的人，他擅长烹饪。他的拿手菜是银芽鲍鱼丝，这道菜色香味俱佳，食客慕名而来，成为远近闻名的一道菜品。一天，一位名叫李清的人来到了张银的餐馆，他非常喜欢银芽鲍鱼丝，便点了一份这道菜。他尝了一口之后，却皱起了眉头，说："这道菜怎么这么难吃？"张银非常惊讶，因为他一直认为自己的银芽鲍鱼丝非常出色，从来没有听到过别人说这道菜难吃。于是，他走到李清的面前，询问他不喜欢这道菜的原因。李清回答说："这道菜的盐放多了，吃起来太咸了。"他意识到自己的银芽鲍鱼丝需要更加注重盐的掌控，不能让盐的味道盖过鲍鱼的鲜味。经过改进，张银的银芽鲍鱼丝变得更加出色，成为张银的名菜，流传至今。

一、操作过程

（一）操作准备

1. 原料、调料准备

鲍鱼仔100克、绿豆芽200克、红椒10克、盐6克、味精2克、白胡椒粉少许、大葱10克、生姜5克、黄酒5克、麻油10克。

2. 用具准备

案台、刀砧板、菜刀、灶台、筷子、不锈钢盆。

3. 工艺流程

宰杀→清洗→改刀→焯水→过凉→拌制→装盘。

4. 操作步骤

视频　银芽鲍鱼丝制作

步骤1　初加工

❶ 准备材料：鲍鱼仔100克、绿豆芽200克、红椒10克、盐6克、味精2克、白胡椒少许、大葱10克、生姜5克、黄酒5克、麻油10克。

❷ 所有材料准备好，鲍鱼仔清洗干净、红椒清洗干净、葱姜洗净

步骤图	序号/图注/要领	步骤图	序号/图注/要领
	将清洗干净鲍鱼仔取肉绿豆芽掐去头尾、红椒切细丝、姜切片、葱切段		将鲍鱼肉片成片后切丝
	❸		❹

步骤2 熟制处理与装盘

步骤图	序号/图注/要领	步骤图	序号/图注/要领
	在锅中加入清水（量要足）、放入葱段、姜片、黄酒、少许盐、水沸下入鲍鱼丝煮15秒左右捞出，迅速放入冷水或冰水中过凉 ①		另起锅加入清水烧开，下入少许盐，下入银芽、红椒丝断生捞出迅速放入冷水或冰水中过凉 把握好煮制时间 ②
	将烫制好的鲍鱼丝、银芽红椒丝沥干水，放入盆中加盐、味精、白胡椒粉、麻油拌匀 凉透才能进行调味处理，翻拌时动作要轻 ③		装盘：取拌制好的银芽鲍鱼丝，按照装盘要求堆或用模具装成一致的形状。 在装盘过程中要注意器皿清洁。装好盘的银芽鲍鱼丝在装盘中要有立体感 ④

二、操作过程

（一）成品特点

1.色泽鲜艳、脆嫩多汁。

2.味道鲜美、风味独特。

（二）质量问题分析

1.应控制好鲍鱼仔的煮制时间。

2.银芽的氽烫时间。

图6-5 银芽鲍鱼丝

三、知识拓展

（一）原料

鲍鱼是制作银牙鲍鱼丝的主要原料。鲍鱼选择种类繁多，如墨西哥鲍鱼、日本鲍鱼、南非鲍鱼等，不同品种的鲍鱼有不同的口感和风味。需要注意的是，在选择和使用原料时，应注意其新鲜度、质量和安全性，确保原料符合食品卫生标准，并遵循相关的食品加工和安全规范。在鲍鱼仔的基础上，适当使用新型辅料，创新品种，开拓思路。例如鲍鱼仔肉质细腻，可加工制作成捞汁冷菜，还可加入如芥末等调料，加工成芥味鲍鱼片。经过创新，既增加了菜肴品种又满足了食客的多口味需求。

（二）技法

银牙鲍鱼丝的制作过程中可以采用不同的加工工艺，如低温干燥、蒸煮、烘烤等，使其口感更加丰富多样。还可以从配方上进行创新，添加其他的食材或调味料，如花生、芝麻、辣椒粉等，增加了产品的口味层次。

（三）形态

银牙鲍鱼丝的形态主要体现在以下几个方面：

1.颜色：银牙鲍鱼丝可以采用不同的植物菜汁进行上色（蝶豆花粉蓝色、菠菜汁绿色、洛神花红色、胡萝卜素黄色），使其呈现出丰富多彩的颜色，增加了食物的吸引力。

2.形状：除了常见的鱼丝形状外，银牙鲍鱼丝也可以制作成其他形状，如鲜花、动物等，增加了食物的趣味性和观赏性。

四、师傅点拨

银牙鲍鱼丝采用的是鲜鲍鱼制作，干鲍鱼讲究涨发，鲜鲍鱼注意清洗。鲍鱼对生长环境很挑剔，只会生长在洁净水域中。但即便如此，鲍鱼身上还是难免有黏液和寄生藻类附着。所以需要先用盐粒在鲍鱼表面搓洗，一来可以去除腥味，二来可以杀死表面的细菌等微生物。搓洗或浸泡之后，要用流水冲洗将盐分洗净。用小刀或小汤匙将贝柱切断，使鲍鱼的肉和外壳分离，去除鲍鱼肉上的黑色和黄色的内脏，再将鲍鱼放置在流水中进行清洗，可以将清洗后的鲍鱼放在冰水中这样可以使鲍鱼肉质更加紧实。

五、思考与练习

1.在制作银芽鲍鱼丝的过程中，哪些操作影响菜品的成败？

2.通过上课及扫码观看视频，独立完成银芽鲍鱼丝的制作，与家人分享并形成实训报告。

任务六　油爆虾制作

1.了解油爆菜肴的制作方法及要领掌握。

2.掌握虾类食材基础知识，了解技法延伸出各种新型的食材。

3.能够在老师的指导下，正确理解细致加工对原料的成型技艺。

课件　油爆虾制作

任务导学

河虾，又名青虾，长臂虾科沼虾属节肢动物。它广泛分布于中国的江河、湖泊、水库和池塘中。

其体形细长，全身淡青色，整个身体由头胸部和腹部两部分构成。头胸部各节接合，由头胸甲或背甲覆盖背方和两侧。头胸部粗大，腹前部较粗，后部逐渐细且狭小。额角位于头胸部前端中央，上缘平直，末端尖锐，背甲前端有剑状突起，体表有坚硬的外壳，适用于多种烹调方法和口味。如盐水河虾、醉河虾等都是传统的经典菜肴之一。

油爆虾的历史典故

油爆虾是一道经典的中式菜肴，具有悠久的历史背景。传说油爆虾起源于清朝康熙年间，当时广东潮汕地区有一位名厨创造了这道菜肴。据说有一天，他在做虾菜时，由于烹调时间过长，虾肉的口感变得黏糊而不好吃。为了挽救这道菜肴，他突发奇想将虾肉快速放入油锅中炸，虾肉迅速收缩、变得外酥内嫩，口感独特。他还发现这种烹调方法不仅能够保持虾肉的鲜嫩口感，还能够将虾的鲜味锁住，使得口感更加鲜美。于是后来就将这种独特的烹调方法运用到了虾菜肴中，创造了一道口感独特、鲜香可口的菜肴——油爆虾。这道菜肴很快在当地流传开来，深受人们喜爱，成为一道有名的地方特色菜。

　　随着时间的推移，油爆虾逐渐传播到其他地区，特别是在江、浙、沪一带，成为一道备受欢迎的中式菜肴。如今，在各地的中餐厅和家庭厨房中，都可以品尝到这道美味的传统菜肴。

一、操作过程

（一）操作准备

1. 原料、调料准备

河虾 300 克、料酒 10 克、生抽酱油 10 克、白糖 20 克、醋 5 克、小葱 10 克、生姜 10 克、盐 1 克、植物油 500 克。

2. 用具准备

砧板、剪刀、灶台、炒锅。

3. 工艺流程

剪须→清洗→炸制→调汁→烹制→装盘。

4. 操作步骤

视频　油爆虾制作

步骤 1　初加工

步骤图	序号/图注/要领	步骤图	序号/图注/要领
	准备材料：河虾 300 克，将河虾剪去虾须 虾壳青色呈通明状是优质河虾，腹部有黑色即次之　①		将剪好后的河虾用淡盐水清洗干净 不剪虾须，经过高温虾须会影响成品的质量　②

步骤 2　成熟处理

步骤图	序号/图注/要领	步骤图	序号/图注/要领
	将剪好的河虾入六成油锅炸至虾上浮捞起，等油温升高七成后再复炸一次 第一次炸的时间不能长，复炸的油温要高。 这样可以达到虾壳酥脆、虾肉脆嫩　①		将葱姜煸香、加白糖、酱油等调味料小火烧至汤汁浓稠时起锅 河虾要均匀包裹汁液，色泽才能红亮　②

步骤3　装盘

要求码放整齐，虾壳透亮、赏心悦目、立体感强，如图6—6所示。注意虾头对盘中间，以圆顺放、螺旋式码盘。

二、操作过程

（一）成品特点

1.色泽红亮、虾壳酥脆。

2.肉质鲜嫩、咸甜适口。

（二）质量问题分析

1.应控制好河虾油炸的温度。

2.河虾炸制时间要适中，如何保持外酥内嫩的口感。

3.油温的识别，要求学生分组练习。

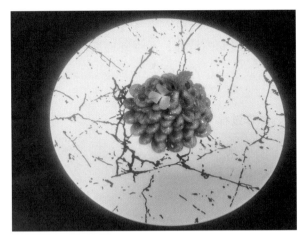

图6—6　油爆虾

三、知识拓展

（一）原料

可采用不同的虾类进行创新，除了常见的河虾外，还可以尝试使用其他种类的虾来制作油爆虾。例如明虾、鲜虾仁、龙虾尾、基围虾、罗氏虾等，都可以做油爆虾，每种虾类都会带来不同的口感和风味。大虾是菜肴成形的基础，从原料着手，创新虾类品种，不失为一种创新的绝好途径。另外，还可在制作时加入不同颜色的辅材，能使菜肴形成漂亮的色泽，诱人食欲，以丰富冷菜的颜色和口感。

（二）技法

油爆虾是一道独具特色海派冷菜，具有鲜美的口感和独特的香气。在制作油爆虾的过程中，可以加入其他调味料来增添不同的口味。例如，可以加入辣椒粉或辣椒酱来制作辣味的油爆虾；可以加入柠檬汁、蒜蓉、蜂蜜、青椒、红椒、洋葱等蔬菜等香料提升口感；也可以改变烹饪技法如用（煮、烧、酱）的制作方法，都能做出味道鲜美的冷菜。

（三）形态

油爆虾在"形态"方面，呈现为元宝形，故又称元宝虾。本节课的油爆虾的码盘形态为螺旋形，也是传统型的摆盘方式。现在许多星级餐饮酒店及高档会所，采用意境菜的摆盘方式将油爆虾竖立摆盘，挂杯摆盘，花篮摆盘等方式，成品效果美观养眼。

四、师傅点拨

爆制菜肴的操作要领：需要选用质地新鲜、柔软脆嫩的动物性原料，以相应质地的植物性原料为配料，均加工成较小的形状如丁、片、段、条或加工成花刀块，也可用自然形体的小型原料；柔软细嫩的动物性原料要上浆处理。

根据原料的性质掌握火候及成熟度。上浆的原料要滑油处理，如鸡丁、虾仁、鲜贝等鲜味足、柔软嫩脆的原料，上浆后要用旺火温油滑透断生。配料一般使用油氽滑，特殊的配料如冬笋、鲜豌豆则要用开水焯过使用。如脆嫩或脆韧性的原料猪肚头、猪腰、墨鱼等，须用旺火沸水焯水后，再入热油冲炸断生，冲炸的时间不能太长，避免上色或质地变老。

五、思考与练习

1. 爆制菜肴有什么特点？运用"爆"的烹饪技法，还可以制作哪些菜肴？爆制菜肴的特点？

2. 通过上课及扫码观看视频，独立完成油爆虾的制作，与家人分享并形成实训报告。

任务七　糟香带鱼制作

1. 了解糟香类菜肴的制作工艺，糟卤浸泡时间及温度的掌控。

2. 掌握剞刀技法的运用，炸制时油温掌握及操作要求。

3. 能够在老师的指导下正确制作糟香类菜肴。

课件　糟香带鱼制作

任务导学

带鱼是一种凶猛肉食性鱼类，肉嫩体肥、味道鲜美，具有补脾益气、润肤养发、利于大脑的功效，深受人们喜食。

本节课制作的糟香带鱼是体现糟制菜品特殊的糟香味，将带鱼改刀腌渍，炸至成熟后放入装有调制好的糟卤里腌泡，然后放入冰箱冷藏至入味。糟制菜具有清凉爽淡，满口生香的特点。

糟香带鱼的历史典故

糟香带鱼，又称为"糟香腥鱼，"是一道闽菜名菜，源于中国福建省。它的历史典故可以追溯到清朝官员林则徐。

据传，林则徐在担任福建巡抚期间，为了改善当地的经济状况和民生，积极推动渔业发展。当时，福建省是一个渔业资源丰富的地区，但由于交通不便，鱼类等水产品很难长时间保存和运输，导致损耗严重。

为了解决这个问题，林则徐通过研究制定了一种鱼类腌制方法。他将新鲜的带鱼先用盐腌制一段时间，然后再放入花雕酒、糟粕、葱姜蒜等调料中腌渍。经过一段时间的腌渍，鱼肉逐渐变得鲜嫩，且散发出独特的香味，被林则徐称为"糟香带鱼。"

这种腌制方法大大延长了带鱼的保鲜期，使得带鱼可以远距离运输并长时间保存。此后，糟香带鱼成为福建地区的一道传统名菜，并逐渐在全国范围内流传开来。

如今，糟香带鱼已经成为中国传统的特色美食之一。它以其独特的味道和制作工艺，吸引了众多食客和游客的喜爱。并且，这道菜有着丰富的营养成分，富含蛋白质、维生素和矿物质，对人体健康有益。

一、操作过程

（一）操作准备

1. 原料、调料准备

带鱼一条600克、大葱100克、生姜100克、盐50克、糖20克、味精5克、料酒10克、胡椒粉2克、生粉20克，自制糟卤500克。

2. 用具准备

砧板、菜刀、电子秤、灶台、炒锅。

3. 工艺流程

宰杀→清洗→改刀→腌制→炸制→制卤→浸泡→装盘。

4. 操作步骤

视频 糟香带鱼制作

步骤1 初加工

将带鱼宰杀去腮及内脏清洗干净，在鱼两边剞十字花刀（便于入味和成熟）。

步骤2 腌制、炸制

步骤图	序号/图注/要领	步骤图	序号/图注/要领
	将改刀后的带鱼加入大葱、生姜、精盐、味精、料酒、胡椒粉腌渍半小时 ①		锅中油温升至六成将带鱼逐一下入锅中炸熟捞出，油温升至七成热下入带鱼炸至外脆里嫩、色泽金黄迅速捞出 注意油温的控制 炸带鱼油温的控制 ②

步骤3 熟制装盘

步骤图	序号/图注/要领	步骤图	序号/图注/要领
	将炸好的带鱼放入自制糟卤里，用保鲜膜封口进冰箱冷藏 浸泡时间要根据原料的老嫩及成菜要求而定 ①		将浸泡好的带鱼从冰箱里取出，用干净的筷子把带鱼从糟卤里取出，然后摆放在盘中即可 装盘时形状的设计 ②

二、操作过程

（一）成品特点

1. 清淡爽口、糟香味浓。

2. 满口生香、风味独特。

（二）质量问题分析

1. 剞刀法的运用，一是便于入味、二是美化菜品。

2. 腌制原料时的注意事项。

3. 油温的掌控。

4. 糟制菜品的掌握。

图6-7 糟香带鱼

三、知识拓展

（一）原料

本菜为福建传统冷菜，有地方烹饪工艺的独特性，弘扬了该地区的传统文化。我们要在传统技艺上创新，原料上可改为一些豆制品如豆干、素鸡等，通过油炸卤浸的方法都可呈现出糟制菜品特殊的糟香味。口味上还可以拓展成麻辣味、糖醋味等。

（二）技法

传统的香糟卤是一种中国传统的卤水调料，它是由米酒曲、香料和调味料等原料经过发酵制成的。现代香糟卤是一种改良的卤菜烹饪方法，以独特的香糟调味料（酒酿）为基础，融合了现代人的口味和健康需求。现代香糟卤具有丰富的口感和层次感，带有独特的酱香味和微醇的酒香味。总的来说，现代香糟卤是一种融合了传统制作工艺和现代烹饪理念的美食，通过将传统的香糟调味料与现代菜肴相结合，呈现出独特的口味和风味。

（三）形态

鱼的选择：传统的香糟带鱼通常选用带鱼作为主料，但也可以尝试使用其他鱼类，如鳊鱼、黄鳝等，以便赋予不同的口感和味道。一般香糟带鱼的器皿以碗或碟为主，器皿选择范围很广，带鱼可以改刀成2寸长的条形，也可以改刀成条形装入小碗中。为了增加菜品的丰富度和口感层次，可以加入一些配菜垫底，如豆芽、木耳、青椒等，让香糟带鱼更加鲜嫩可口。香糟带鱼的形态主要体现在鱼的选择、制作方式、香糟的种类、附加配料和制作工艺等方面。通过不同的创新和尝试，可以让香糟带鱼更加多样化，满足不同口味的需求。

四、师傅点拨

成品香糟卤市场有售，但想做到满意的口味需自己制作；将酒糟加入花雕酒搅拌均匀冷藏。卤料包加葱、姜放入水中烧开后转小火煮30分钟。将卤汁与冷藏的酒糟混合粗略搅拌，然后过滤，以确保液体清澈透明；调味后即成糟卤，冷藏保存。此外，还可以根据个人喜好，将各种食材（如：毛豆、茭白、鸡翅、凤爪、鸭舌、虾等）煮熟后浸泡在糟卤中，制作成美味的糟卤菜肴。

五、思考与练习

1.本课的糟香带鱼的制作工艺应注意哪些方面？

2.通过上课及扫码观看视频，独立完成糟香带鱼的制作，与家人分享并形成实训报告。

任务八　芝麻鱼条制作

学习目标

1．了解鱼条的腌渍及拍粉拖蛋液再裹芝麻的操作方法及要领。

2．掌握鱼肉基本特性，通过技法操作延伸出其他烹饪食材。

3．能够在老师的指导下正确制作此菜。

课件　芝麻鱼条制作

任务导学

芝麻鱼条是用鱼肉、芝麻、蛋液等做成的美食，选取肉质肥嫩、质量上乘的鱼肉精心制作，含有丰富的钙、磷、铁及B族维生素、烟酸等营养物质。此菜具有外脆里嫩、芝麻酥香、鱼条软嫩、口味咸鲜的特点，同时还有暖胃和中、平肝祛风的功效。

芝麻鱼条的历史典故

芝麻鱼条是一种传统的中国菜肴，其起源可以追溯到唐朝。据说当时有一位叫陈应的厨师，他在为唐朝宰相魏征烹制芝麻鱼条时，因为这道菜肴非常美味，引起了魏征的高度兴趣。魏征喜欢这道菜肴，并将其推荐给他的朋友们。芝麻鱼条逐渐成了中国烹饪中的一部分。随着时间的推移，芝麻鱼条的制作方法也不断改进和创新，成为许多地方的特色菜肴。鱼条是一道口感鲜美、营养丰富的菜肴，具有浓郁的香气和独特的口感。其历史典故也使得这道菜肴在人们心中留下了深刻的印象。

一、操作过程

（一）操作准备

1. 原料、调料准备

净鱼肉100克、芝麻50克、鸡蛋200克、生粉100克、精盐5克、味精2克、小葱2克、生姜5克、油500克。

2. 用具准备

砧板、菜刀、电子秤、灶台、炒锅。

3. 工艺流程

宰杀→清洗→改刀→腌制→拍粉→拖蛋液→炸制→装盘。

4. 操作步骤

视频　芝麻鱼条制作

步骤1　原料准备

净鱼肉100克、芝麻50克、鸡蛋200克、生粉100克、精盐5克、味精2克、小葱2克、生姜5克、油500克。

草鱼宰杀去鳞，初加工时，草鱼的胆不能刺破。如果不小心把鱼胆弄破了，将鱼放水中冲洗后，再把醋倒入鱼的腹中，用手搓洗。

步骤2　腌渍成坯、炸制

步骤图	序号/图注/要领	步骤图	序号/图注/要领
	草鱼在分档取料时刀要顺着鱼的龙骨两边片开取肉，这样一条鱼的骨头与肉的比例是四比六 ①		将鱼肉改刀成条，一次放入精盐5克、味精2克、小葱2克、生姜5克、油5克腌渍入味 ②
	腌渍好的鱼条拍上生粉后拖鸡蛋再包裹上芝麻 ①		油锅烧至五成热下入鱼条生坯，成熟捞出，油温升至六成复炸成金黄色捞出即可 ②

步骤3 装盘

熟制后装盘：将炸好的芝麻鱼条摆放在盘中呈井状形即可，如图6—8所示。

二、操作过程

（一）成品特点

1. 外脆里嫩、芝麻酥香。

2. 鱼条软嫩、口味咸鲜。

（二）质量问题分析

1. 鱼条生坯的大小一致，腌渍去其腥味。

2. 油温的控制。

3. 学生分组练习。

图6—8 芝麻鱼条

三、知识拓展

（一）原料

芝麻鱼条一般以草鱼、鲈鱼和鳜鱼为主体原料，是历史名菜，现在全国各地餐饮小吃店出现的小酥肉、香辣鸡柳、口味牛柳等都是从芝麻鱼条演变而来。之所以能被各种餐饮饭店广泛运用是因为以下因素：首先是制作工艺不复杂，代替品很多，其次是味道鲜美外酥里嫩，最后是制作成本不高老百姓都能接受。

（二）技法

芝麻鱼条是一道非常受欢迎的美食，制作简单而且口感香脆可口。除了传统的制作方法，还可以通过一些技法来拓展芝麻鱼条的口味和品种。一些常见的芝麻鱼条技法如麻辣芝麻鱼条：传统的芝麻鱼条中添加一些辣椒粉或辣椒酱，使其具有麻辣的口味；蒜香芝麻鱼条：在鱼条的面粉中加入一些蒜末或蒜粉，使其具有浓郁的蒜香味道；香葱芝麻鱼条：在鱼条的面粉中加入一些切碎的香葱，使其具有香葱的清香味道；柠檬芝麻鱼条：在炸制好的芝麻鱼条上挤一些柠檬汁，增添其口感的清爽度和酸味；黑胡椒芝麻鱼条：在炸制之前，在鱼条上均匀撒上一些黑胡椒粉，使其具有香辣的口感；孜然芝麻鱼条：在面粉中加入一些孜然粉并均匀涂抹在鱼条上，使其具有浓郁的孜然味道；芝士芝麻鱼条：在鱼条上撒上一些刨碎的芝士，烘烤至芝士融化，增加其口感的丰富度和奶香味道。以上是一些常见的芝麻鱼条技法，你可以根据个人口味的喜好和创意，进行自由组合和尝试，打造出更多不同口味的芝麻鱼条。

（三）形态

芝麻鱼条还可以尝试将其他种类的坚果、香草或杂粮碎末混合在外层糊中，如核桃碎、杏仁碎、黑芝麻碎等，增加口感和营养成分。常见的长条形状，可以尝试将鱼条切割成其他形状，将鱼片轧成大片卷成各种花卉、块状、球状等，以增加鱼条的趣味性。通过以上的形态，芝麻鱼条可以变得更加多样化，吸引更多人的喜爱。

四、师傅点拨

芝麻鱼条的烹饪技法及关键：选择青鱼肉或草鱼肉，切成长6.5厘米、宽1.5厘米的鱼条，粗细要均匀。将改刀后的鱼条腌制入味10分钟左右，取腌制好的鱼条先沾上一层干生粉，在鸡蛋液里拖一下，最后沾上干净的生芝麻。为了让鱼条外层更加酥脆，轻轻按压一下使芝麻紧附鱼条表面。炸制时候油温控制很重要，将裹好芝麻的鱼条放入五成热的油锅中，小火慢炸，直至鱼条炸成金黄色，然后捞出滤油。由于芝麻的特性，不宜炸得过深，以免影响最终的颜色和口感。

五、思考与练习

　　1.芝麻鱼条菜肴制作工艺流程中的难点是什么？

　　2.通过上课及扫码观看视频，独立完成芝麻鱼条的制作，与家人分享并形成实训报告。

任务九　醉虾制作

1．了解酒香醉制品菜肴的烹调技法及要领掌握。

2．掌握虾类基础知识，了解淡水虾和海水虾的加工方法。

3．能够在老师的指导下正确制作醉制品菜肴。

课件　醉虾制作

任务导学

　　醉虾是一道以活河虾为主要食材，添加白酒和香料烹制而成的菜肴。

　　本节课这款醉虾的做法以泡、拌、腌制为烹饪方法，炮制的目的是让虾吸收充足的酒香，加入调味品的拌制后，再经过腌制可使本菜更加的入味。

醉虾的历史典故

　　关于醉虾的起源，有几种不同的说法。一种说法是醉虾起源于苏北一带。据说在明代时，苏北一带出产的白虾是非常有名的，当时的白酒也是非常普遍的饮料。有人将新鲜的白虾放入酒中泡着吃，发现这种食法不仅能去腥增香，还可以让虾肉更加鲜嫩可口，于是醉虾就流传了下来。

　　第二种说法是醉虾起源于江南地区。江南地区一直以来都是酿酒技术和美食文化的发源地。据传，在明代万历年间，江南地区有一个叫陆宗鸣的酒商，他身经百战，多次征战河山，因而成为当地的名人。陆宗鸣与朋友们在江边品酒，炎炎夏日中，他们觉得虾肉清爽可口，正好可以解他们的口渴。于是，他们想到了将新鲜的虾放入酒中泡着吃，于是就有了醉虾这一美味佳肴。

　　无论是哪一种说法，醉虾都通过历史的发展和传承，成为当地的一道传统美食。特别是在江南地区，醉虾已经成为符合当地人饮食习惯的一道美食，广受人们的喜爱。

　　随着时间的推移，醉虾的制作方法也在不断改良和创新。在过去，人们倾向于使用纯碱、姜片等调料来腌制虾，以去除其腥味并增加风味。近年来，一些厨师也开始注重保留虾的原汁原味，通过选用时令的新鲜虾和高质量的白酒来制作醉虾。这种新的制作方法更加突出了虾的原味和酒的香气，深受食客的欢迎。

一、操作过程

（一）操作准备

1. 原料、调料准备

小河虾300克、白酒200克、生姜10克，盐5克、味精1克、白糖10克、黄酒10克、蒜泥20克、小米辣5克、生抽10克、陈醋20克、蚝油5克、香菜段20克。

2. 用具准备

砧板、菜刀、电子秤、灶台、炒锅、不锈钢盆。

3. 工艺流程

剪须→清洗→浸泡→腌制→装盘。

4. 操作步骤

视频　醉虾制作

步骤1　初加工

步骤图	序号/图注/要领	步骤图	序号/图注/要领
	将剪好须的河虾用白酒浸泡20分钟 河虾去须，要求刀工处理得当　①		将生姜、蒜泥切末、小米椒切段、香菜切段 要求配料切至均匀　②

步骤2　腌制入味

步骤图	序号/图注/要领	步骤图	序号/图注/要领
	将泡好的河虾捞出（白酒要沥干）　①		放入盆里河虾加入黄酒、大蒜末、生姜末、小米辣、香菜段、盐、糖、味精、生抽、香醋腌制30分钟以上 各类调味品要在味汁中充分溶化，翻拌均匀　②

步骤3　装盘

腌制好的醉虾在装盘中要摆放整齐，按圆形的形状，虾头朝内，虾尾朝外，如图6—9所示。

二、操作过程

（一）成品特点

1. 肉质鲜美、口感饱满。

2. 回味悠长、软嫩滑爽。

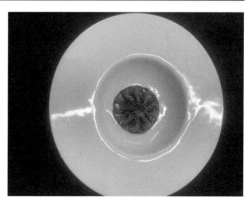

图6—9　醉虾

（二）质量问题分析

1.应控制好活虾的选料以及切配大小。

2.味汁的比例要调好。

3.摆盘要精细。

三、知识拓展

（一）原料

原材料是制作此菜的主体，要从原材料入手，运用相同的操作技法，能够制作出不同的菜肴。例如：把河虾改为各类可腌制的海鲜原料例如鲜活扇贝、鲜活螃蟹等，能够制作出类似菜肴。可以在醉虾中加入一些时令蔬菜，如青菜、豆芽等。这样可以增加菜肴的色彩和口感的丰富性。

（二）技法

醉虾是一道以虾为主要食材的菜肴，它以其独特的味道和风味而闻名。醉虾的技法可以进行一些拓展，使之更具创意和口感。也可以尝试使用其他腌制材料来增添风味，如各种芥末酱与香料，这样可以提升整个菜肴的口感和味道。为了增添醉虾的风味，可以尝试使用一些创新的调味料，如花椒、孜然、干辣椒等，这样可以使菜肴更具个性和创意。总的来说，醉虾的技法可以通过尝试不同的腌制材料、烹饪方法、加入其他海鲜和蔬菜以及创新调味料来实现。这样可以使菜肴更加多样化、丰富化，让人们对醉虾有更多的选择和享受。

（三）形态

醉虾是一道中国传统的家常菜，以鲜嫩的虾肉为主料，加入多种调料烹饪而成。它的形态可以进行多种拓展，如醉虾刺身：用冰沙为垫底材料将醉虾有序地摆铺在冰沙上保持醉虾的低温；醉虾串：将醉虾串成串，用竹签或者金属串串，插在酒香卤里可以作为小吃或者主菜。这些形态可以根据个人喜好和创意进行尝试，让醉虾的口味更加多样化，丰富了人们的餐桌选择。

四、师傅点拨

醉虾一定要选择鲜活的河虾，用清水彻底清洗干净，剪去虾须、虾脚。放入容器中，倒入适量的高度白酒，以没过虾为宜，盖上盖子，让虾在酒中醉一会儿。在醉虾的同时准备调料汁，等虾在酒中醉一段时间后，打开盖子倒入调料汁搅拌均匀即可食用。需要注意的是，虾在酒中醉的时间要足够，以确保虾的味道更加鲜美。

五、思考与练习

1.酒香味型的凉菜还有哪些？例举几道菜肴。

2.通过上课及扫码观看视频，独立完成醉虾的制作，与家人分享并形成实训报告。

项目七　家畜类冷菜制作

一、学习目标

（一）知识目标

1.掌握家畜类冷菜的质量控制、原料选择。

2.熟练掌握不同家畜类原料加工的刀工成型技巧及手法运用。

3.把控好不同菜品的制作时间及对火候油温的掌握。

（二）技能目标

1.掌握家畜类原料制作冷菜的加工工艺。

2.掌握家畜类冷菜制作过程中技法的运用。

（三）素养目标

1.激发学生热爱中华优秀文化并树立传承中华饮食技艺的责任感。

2.把家畜类菜肴装盘成不同的造型，培养学生美学意识。

3.能够灵活地选择当地食材，做到物尽其用，不浪费材料，培养学生节约意识。

4.严格按照制品的制作标准操作，培养团队合作意识。

5.树立食品安全意识。

二、项目导学

通过讲授、演示、实训，使学生了解和熟悉家畜类原料的历史渊源，掌握不同家畜类原料的制作工艺和制作要领，掌握七种家畜类冷菜制作的技法。在教学的过程中，促进学生对中华饮食文化和技艺的传承，为创新发展奠定基础。同时，培养学生强化团队合作、资源节约、食品安全等意识。

任务一　夫妻肺片制作

学习目标

1．了解牛肉、牛心、牛舌、牛肚等原料的腌制过程。

2．掌握卤水调制及味型调制的要领，及卤制时间的要求。

3．树立爱岗敬业的职业意识、安全意识、卫生意识。

课件　夫妻肺片制作

任务导学

夫妻肺片的功效是温补脾胃，保护胃黏膜，补肝明目，增强抗病能力，促进人体的生长发育和健康。制作方法包括原料的准备、腌制、焯水、卤制、凉拌等，特点是：色泽红亮、质地软嫩、麻辣鲜香。

夫妻肺片的历史典故

早在清朝末年，成都街头巷尾便有许多挑担、提篮叫卖凉拌肺片的小贩。牛杂碎边角料，特别是牛肺，经精细加工、卤煮后，切成片，佐以酱油、红油、辣椒、花椒面、芝麻面等拌食，风味别致，价廉物美，特别受黄包车夫、脚夫和穷苦学生们的喜爱。20世纪30年代在四川成都有一对摆小摊的夫妇，男人叫郭朝华，女人叫张田政，因制作的凉拌肺片精细讲究，颜色金红发亮，麻辣鲜香，风味独特，加之他夫妇俩配合默契，一个制作，一个叫卖，小生意做得红红火火，一时顾客云集，供不应求。有些常来品尝他们夫妻制作肺片的顽皮学生，用纸条写上"夫妻肺片"字样，悄悄贴在他夫妻俩的背上或小担上，也有人大声吆喝，"夫妻肺片，夫妻肺片⋯"。一天，有位客商品尝过郭氏夫妻制作的肺片，赞叹不已，送上一副金字牌匾，上书"夫妻肺片"4个大字，从此"夫妻肺片"这一小吃更有名了。为了适应顾客的口味和需求，夫妻二人在用料和制作方法上不断改进与提高，并逐步使用牛肉、羊杂代替牛肺。虽然菜中没有牛肺了，但人们依然喜欢用夫妻肺片这个名字来称这道菜，并一直沿用至今。

一、操作过程

（一）操作准备

1．原料、调料准备

牛肉150克、牛心150克、牛肚150克、牛舌150克、芝麻5克、小葱20克、红辣椒粉20克、花椒粉2克、红椒油10克、肉桂3克、花椒5克、白芷2克、食盐50克、酱油50克、料酒50克、白糖20克、味精10克、蚝油5克、小葱50克、生姜50克、芫荽5克。

2．用具准备

砧板、菜刀、电子秤、灶台、炒锅

3．工艺流程

（1）洗净原料→腌制→沸水→卤制→改刀→拌制→装盘。

（2）准备香料包→洗制香料包→熬汤→调制卤水。

视频　夫妻肺片制作

4. 操作步骤

步骤1　原料准备

❶ 将牛肉（分割牛肉块时要看肉的纹理，顺丝切丝，顶丝切片）、牛心、牛肚、牛舌、去血污洗净待用

步骤图	序号/图注/要领	步骤图	序号/图注/要领
	准备调料：京葱、生姜、食盐、桂皮、草果、香叶、花椒、精盐、八角、白芷、白糖、鸡精、料酒、酱油、耗油、辣椒油 一次性将辛香料与调料备齐，香料包要洗净 ❷		调制卤水：锅里放老母鸡、仔排、棒子骨、熬制6小时过滤残渣。再将香料包与调料下锅调制卤水 调制卤水时要先大火把汤汁烧开，再调中小火把鸡肉、排骨和棒子骨里的蛋白质乳化后再加入调味品，继续炖煮，直至色泽呈金红色 ❸

步骤2　原料的腌制及卤制

步骤图	序号/图注/要领	步骤图	序号/图注/要领
	用炒制的花椒八角盐（炒制花椒八角盐要用中小火，炒制黄色为佳）将洗净沥干水分的牛肉、牛心、牛舌、牛肚腌制24小时 ❶	 	将腌制好的牛肉、牛心、牛舌、牛肚沸水待用（再一次去除原料里的血污），将沸水好的牛肉、牛心、牛舌、牛肚放入调制好的卤水中卤制，卤制时火候按照先大火再小火的方法卤制，最后用筷子戳肉检查生熟 ❷

步骤3　拌制装盘

步骤图	序号/图注/要领	步骤图	序号/图注/要领
	将卤制好的原料切片放入盆里，加花生碎、芫荽、辣红油、精盐、白糖、味精拌匀即可 每一片原料切片大小与厚薄要均匀 ❶		装盘：要求冷菜装盘，富有新意、赏心悦目、立体感强，同时把好卫生关 ❷

图7-1　夫妻肺片

二、操作过程

（一）成品特点

色泽红亮、质地软嫩、麻辣鲜香。

（二）质量问题分析

1.原料腌制要用炒制的花椒八角盐，腌制的时间要24小时以上。

2.焯水要冷水下锅，去除原料里的血污。

3.辣椒粉、花椒粉、芝麻放入盆中，用八成热的油倒入盆中即成红椒油。

三、知识拓展

（一）原料

传统的夫妻肺片用的原材料都是牛下水，成本较低。为了适应顾客的口味和需求，在用料和制作方法上不断改进与提高，并逐步使用牛肉、羊杂代替了牛肺。创新菜肴很多都是从传统菜肴演化而来，要举一反三，不断创新，要从过去的讲究菜肴口味，到如今的色、香、味、型和营养着手创新。

（二）技法

随着现代社会的高速发展，除高档餐厅、高档宴会需精细冷菜外，传统热制冷吃冷菜的制作，在制作技法上大同小异，可以在味型和装盘手法上拓展，既要造型美观精细，又要口味醇正营养。

（三）形态

相同的品种具有不同的形态，我们可以利用肉类食材的软嫩特性，配合刀工拼摆成型，模具挤压成型等工艺，可以做成小桥形，宝塔形等。

四、师傅点拨

调制卤水是烹饪中的一种常见技巧，主要用于炖煮、烧煮或卤制食材。以下是调制卤水的创新方法，首先在调制卤水之前，先将所有的香料洗净用油炒香，这样可以更好地激发香料的香气，使卤水更加美味，在卤水中加老抽以后放入熬好的糖色增加卤水的亮度，在调味中加入鱼露与蚝油增加卤水的鲜味，如果卤水香料味浓度过大，可将黄瓜与苹果片放入卤水中泡制一小时来降低辛香料味。卤水调制好后一定冷藏，所有食材可以进行白卤制熟，冷却后放入调好的卤水中浸泡3小时食用，这种泡制的卤水从口味到制作工艺上都比传统的卤水效果要好很多。

五、思考与练习

1.结合该菜品的烹调技法及味型，思考一下还有哪些原材料适合此类制作工艺？

2.通过上课及扫码观看视频，独立完成夫妻肺片的制作，与家人分享并形成实训报告。

任务二　桂花排骨制作

学习目标

1. 能准确辨别出猪小排与仔排的区别。

2. 掌握糖醋味型的制作要领。

3. 学生在老师的指导下能举一反三地勾兑糖醋汁。

课件　桂花排骨制作

任务导学

排骨是指猪、牛、羊等动物剔肉后剩下的肋骨，上面还附有少量肉类。一般来说，只要我们提到排骨，指的都是猪排骨。猪排骨味道鲜美，也不会太过油腻。排骨的分类：小排是指猪腹腔靠近肚腩部分的排骨，它的上边是小排和仔排，小排的肉层比较厚，并带有白色软骨；仔排是指腹腔连接背脊的部位，它的下方是五花肉，肉层很厚，是所有排骨中最嫩的，适用于多种烹调方法和口味，如：糖醋桂花排骨，是中国传统的经典菜肴之一。

糖醋桂花排骨的历史典故

糖醋桂花排骨是一道传统的中国菜肴，主要由猪仔排和糖、醋等调料制作而成。据说，这道菜肴的来历可追溯到明朝万历年间，属于江南地区的传统美食之一。相传在明朝时期，有一位名叫盖碗的厨师，他独创了一道用糖和醋调制的炖排骨菜肴，颇受皇帝的喜爱。这道菜被称为"盖碗糖醋桂花排骨"，后来逐渐流传到民间，并成为家喻户晓的美食。

糖醋桂花排骨的寓意与其名称有关。糖和醋都是有酸甜味道的调料，代表生活中的甜与酸。排骨则象征着人生中的起伏和挫折。煮熟的排骨是可口的美味，就像是我们经历过的人生中的成功和喜悦；而未煮熟的排骨则是难以消化的、有刺的，象征着我们人生中的挫折和困难。

糖醋桂花排骨也被视为一道寓意深刻的菜肴，它鼓励我们在人生中遇到挫折和困难时不要轻易放弃，要把生活中的甜和酸都放在心里，坚韧不拔地迎接挑战，最终获得成功和快乐。

一、操作过程

（一）操作准备

1. 原料、调料准备

猪小排400克、白糖30克、醋30克、小葱10克、盐3克、生姜10克、桂花酱10克、植物油1000克。

2. 用具准备

砧板、菜刀、电子秤、灶台、炒锅。

3. 工艺流程

刀工处理→过油→调味→酱制→冷却→装盘。

视频　桂花排骨制作

4. 操作步骤

步骤1　初加工

准备小排400克，生姜10克。

步骤图	序号/图注/要领	步骤图	序号/图注/要领
	运用剁刀法将小排改刀至1.5厘米左右，加入少许干淀粉，抓匀 ①		白糖30克、香醋30克、盐3克、桂花酱10克，调料配比得当，确保成品适口性 ②

步骤2　排骨制作

步骤图	序号/图注/要领	步骤图	序号/图注/要领
	将改刀好的小排入油锅炸至浅黄色，小排不宜炸得过老，影响菜肴质感 ①		加调味料：白糖30克、醋30克、小葱10克、盐3克、生姜10克、桂花酱10克、烧至汤汁浓稠　小火慢烧、糖醋比率要适量 ②

步骤3　成熟装盘

　　将熟制好的排骨码放整齐，要求蜜汁透亮、赏心悦目、立体感强。桂花排骨成品如图7-2所示。因此菜属于热制冷吃，故卫生条件要求较高，不得出现二次污染。

二、操作过程

（一）成品特点

1. 酸甜可口、酱汁浓郁。

2. 色泽红亮、口感酥香。

（二）质量问题分析

1. 小排加热的时间及火候的控制。

2. 合理把控去腥增香的方式方法。

图7-2　桂花排骨

三、知识拓展

（一）原料

　　此菜主料为猪小排，从菜肴原料入手，在烹调技法不变的基础上改变菜肴原料，这是冷菜创新的途径之一，比如把猪小排改为其他家畜类、家禽类原料。

（二）技法

　　传统糖醋桂花排骨制作大多是经过长时间的手工操作，不仅会影响口味的控制和生产的速度，而且也不利于大批量生产。因此，利用现代技术标准化生产糖醋汁，既能满足营养好、口味佳、速度快、卖相好等冷菜产品要求，也将是现代餐饮市场最受欢迎的品种。

（三）形态

排骨质地较硬，可利用其特性进行堆叠做出不同造型，比如井字形、金字塔形等。

四、师傅点拨

糖醋味是一种受欢迎的口味，广泛流行于中国各地的菜肴中，不仅地域限制小，而且深受各年龄、性别的人群喜爱。今天的东南亚这种口味的应用也颇为广泛。制作传统经典的糖醋汁的口诀是一二三四五，即一勺料酒，两勺生抽，三勺白糖，四勺香醋或米醋，以及五小勺清水混合在一起。师傅在这悄悄地告诉你，在糖醋汁中放入什锦果酱与话梅一起熬制，口味会有想不到的效果。

五、思考与练习

1. 按照本课程学习的烹调工艺，糖醋味型还可以做哪些冷菜？

2. 通过上课及扫码观看视频，独立完成糖醋桂花排骨的制作，与家人分享并形成实训报告。

任务三　红油羊肚制作

1. 了解红油羊肚的制作过程。
2. 在老师的指导下对口味的掌控及味汁调制要领掌握。
3. 掌握严谨的选料及去异味是成败的关键。

课件　红油羊肚制作

任务导学

羊肚又叫羊胃、羊脾，是羊的胃部器官。中医认为，羊肚味甘性温、入脾经，具有健脾补虚之功效。

本次课红油羊肚的做法以煮制、拌制为烹饪方法，选择新鲜的羊肚作为原料，做法多样，可爆炒可做汤，在众多做法中尤以红油羊肚受追捧，其爽脆、香而不辣的口感深受食客喜爱。

红油羊肚的历史典故

它的历史可以追溯到明代。在明代正德年间，朱厚照亲巡四川。当时路过一地，名叫"红油"的小镇，当地官员找来了一副羊肚，经过精心的清洗和处理后，将其切成薄片，用油炸至酥脆，然后放入特制的红油锅中，加入辣椒、花椒等香料，慢炖一段时间以使羊肚入味。最后，他们将制作好的羊肚献给皇帝，长途跋涉的皇帝品尝后被其麻辣鲜香的味道所吸引，顿时胃口大开、赞不绝口，询问官员这道菜的名字，官员们想了想便回道"红油羊肚"。皇帝龙颜大悦，说道："妙哉妙哉！红油小镇品红油羊肚"，于是便将其命名为"红油羊肚"，自此红油羊肚成为川蜀地区一道非常受欢迎的特色菜。

一、操作过程

（一）操作准备

1. 原料、调料准备

新鲜羊肚500克、大葱150克、红椒5克、生姜20克、香菜1根、盐5克、味精1克、白胡椒粉少许、红油10克、花椒油5克、八角2粒、花椒粒10粒、黄酒20克。

2. 用具准备

砧板、菜刀、电子秤、灶台、不锈钢盆、炒锅。

3. 工艺流程

原料准备→羊肚初加工→调制白卤→卤制→羊肚刀工处理→熟拌→装盘。

4. 操作步骤

视频　红油羊肚制作

步骤1　初加工

将羊肚初加工洗净，大葱洗净，生姜去皮，香菜去根洗净，红辣椒去籽清洗干净。

步骤图	序号/图注/要领	步骤图	序号/图注/要领
	先把大葱50克切段，生姜切片，将锅注入清水，下入葱段、生姜片、黄酒10克，下入羊肚烧沸，撇去浮沫煮透捞出洗净。另起锅注入清水，下入洗净的羊肚、大葱段、生姜片、黄酒、八角、花椒粒烧沸转中小火煮约50分钟左右，用筷子能扎透即可捞出放凉 ①		将晾凉的羊肚切长约8厘米、粗细约0.2厘米的细丝，剩下大葱、红椒分别改刀成长约8厘米、粗细约0.2厘米的细丝、香菜切段 要求刀工处理得当、粗细均匀 ②

步骤2　拌制装盘

步骤图	序号/图注/要领	步骤图	序号/图注/要领
	将已加工过羊肚丝放入盆中，加盐、味精、白胡椒粉、花椒油拌匀，再加葱白丝、红辣椒丝、香菜段、淋入红油拌匀即可装盘。这个加工制作的过程，在冷菜制作方法中称"拌" 操作时动作要轻，要翻拌拌匀 ①		装盘：要求冷菜装盘，富有新意、赏心悦目、立体感强 卫生要求要达标，菜肴要堆叠起来，不可散乱 ②

二、操作过程

（一）成品特点

1.咸鲜适口、脆嫩爽口。

2.麻辣鲜香、开胃生津。

（二）质量问题分析

1.应控制好羊肚的焯水时间。

2.羊肚煮制不能软烂。

3.拌制时投料要适当。

图7-3　红油肚丝

三、知识拓展

（一）原料

此菜是以羊肚为原料，适当加入辅料，不失为一道佐酒的冷菜。例如：以羊肚为食材可以做葱油拌制冷菜，喜欢辣的口味可以在拌制时加入红油和其他调味料，也可加入不同的蔬菜（如莴笋、洋葱等），既增加了维生素，又可使菜品形成漂亮的色泽，诱人食欲，丰富冷菜的颜色和口感。

（二）技法

传统红油羊肚制作，大多是炸后再卤制，耗时较长，难以满足批量生产。改用提前熬好卤汁，能够满足批量生产，其营养、口味及上菜速度、卖相等得到了保证。

（三）形态

此道冷菜的质地较为弹嫩，本身没有什么特别的造型，但在摆盘时我们可利用不同配菜的颜色来进行搭配，例如：洋葱、各色蔬菜类原料等，从而丰富最终成品的感官效果。

四、师傅点拨

四川传统的辣椒油是用辣椒粉、花椒等辛香料在油锅里长时间地熬制。在熬制的过程中用锅铲不停翻动，以防辛香料沉底煳锅，影响辣椒油的质量。在翻动热油时还很容易烫伤，现代的辣椒油的制作是将辣椒粉、花椒、豆蔻、葱、姜、蒜片一起放入不锈钢盆中，加入老抽、生抽和味精，用沸水浇拌开，如同和稀泥，再将大豆油烧沸后用炒勺一勺一勺地浇在和好的辣椒面里，一定要边浇边拌，将热油全部浇完后撒上炒好的芝麻静止3小时后可直接使用。这种辣椒油颠覆了传统的辣椒的制作工艺，在色泽与香味上相比传统的辣椒油遥遥领先。

五、思考与练习

1.加工动物内脏应注意哪些问题？羊肚经沸水烫后刮净表面的粗膜，适宜于制作哪类菜肴？试举例。

2.通过上课及扫码观看视频，独立完成红油羊肚的制作，与家人分享并形成实训报告。

任务四　五香牛肉制作

1. 了解牛肉腌制的过程，掌握卤水调制及味型调制的要领。

2. 树立爱岗敬业的职业意识、安全意识、卫生意识。

3. 掌握牛肉的酱卤制作工艺。

课件　五香牛肉制作

任务导学

五香牛肉在制作过程中，不仅注重主料配方，更注重牛肉的酱卤环节。牛肉酱卤制作工艺是否符合标准，这对五香牛肉成品质量有一定的影响。五香牛肉中含有大量优质蛋白。作为人体重要组成部分，蛋白质有维持细胞稳态，促进生长发育的作用。五香牛肉中还富含锌元素和铁元素，能够促进血红蛋白生成，补充人体流失血液，修复伤口受损组织。另外，牛肉中含有丰富的维生素B6，可以帮助提高人体新陈代谢能力，加快蛋白质合成，还能缓解人的疲劳紧张状态。

五香牛肉的历史典故

五香牛肉是中国传统的一道名菜，其历史可以追溯到清朝时期。相传，五香牛肉起源于四川成都一家名叫"杨成昌"的酱酒店。据说，在清朝乾隆年间，正值川陕大旱，民不聊生，生活异常困难。酱酒店的店主杨成昌为了解决附近贫民的温饱问题，便研制出了这道以廉价牛肉为主料的菜肴——五香牛肉。

杨成昌在制作五香牛肉时，选用了经过长时间腌制的牛肉，以提高其风味。他用大量的调料，包括豆瓣酱、辣椒、花椒等，炒熟后再用特制的酱汁烧制，使牛肉入味且香气四溢。这道菜肴制作简单，成本低廉，且营养丰富，很快受到了附近人们的喜爱。

随着时间的推移，五香牛肉逐渐被更多的人所熟知，并传播到了其他地区。如今，五香牛肉已成为四川菜的代表之一，备受人们的喜爱和推崇。

一、操作过程

（一）操作准备

1. 原料、调料准备

牛腱子肉1000克、生姜50克、小葱50克、香叶5克、小茴香3克、桂皮3克、花椒3克、陈皮3克、丁香1颗、草果1颗、盐50克、味精30克、冰糖15克、黄豆酱50克、料酒15克、生抽35克、老抽15克。

2. 用具准备

案台、刀砧板、菜刀、灶台、炒锅、不锈钢盆。

3. 工艺流程

（1）洗净牛腱子→腌制→沸水→酱制→改刀→装盘。

（2）准备香料包→洗制香料包→熬汤→调制卤水。

视频　五香牛肉制作

3. 操作步骤

步骤1　初加工

序号	步骤图	步骤图解	步骤要领
 ①	准备材料：牛腱子肉1000克、生姜50克、小葱50克、香叶5克、小茴香3克、桂皮3克、花椒3克、陈皮3克、丁香1颗、草果1颗、盐50克、味精30克、冰糖15克、黄豆酱50克、料酒15克、生抽35克、老抽15克 将牛腱子肉要清洗干净，正确辨别所需香料	 ②	用揉搓法将牛腱子肉用黄豆酱、老抽、味精、生姜、小葱进行腌制，腌制时间10小时 在腌制时要多揉搓，要让调味料渗透到牛肉中去。腌制时间不能过短，以免影响牛肉风味 ②
 ③	将腌制好的牛肉放入锅中进行焯水，焯水时要撇去杂质 ③	 ④	将香叶、小茴香、桂皮、花椒、陈皮、丁香、草果装入卤料包，香料的种类和用量要使用准确 ④

步骤2　熟制处理

序号	步骤图	步骤图解	步骤要领
 ①	在锅中倒入油少许，放入葱段、姜片以及焯过水的牛肉煸炒至变色 牛肉煸炒的目的是外皮起脆，保原增香 ①	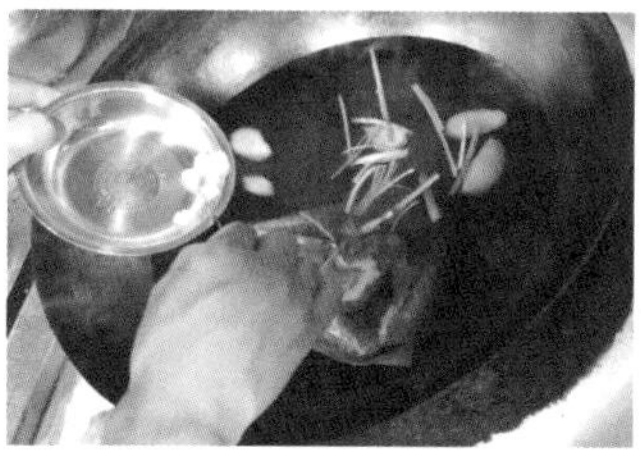 ②	调制卤汤，在锅中加入清水、卤料包、生姜、小葱、盐、味精、冰糖、料酒、生抽、老抽 调制卤汤过程中调味料配比要准确 ②
 ③	将煸炒过的牛肉放入卤汤中，大火烧开，转小火2～3小时 ③	 ④	将卤制好的牛肉捞出晾凉 卤制好的牛肉要凉透才能进行改刀处理 ④

步骤3   改刀装盘

序号	步骤图	步骤图解	步骤要领
	改刀：将卤制好的牛肉进行刀工处理，按照装盘要求切成0.1—0.2cm的片状 在改刀过程中要根据牛肉的形状进行刀工处理，每片牛肉都要厚薄均匀 ①		装盘：要求摆放整齐、匀称、拼摆成半球形 同时把好卫生关，改刀好的牛肉在装盘中片与片之间间距均匀 ②

二、操作过程

（一）成品特点

1.咸淡适中、五香浓郁。

2.肉质紧实、不硬不柴。

（二）质量问题分析

1.应控制好牛肉腌制时间。

2.卤水的调制比例要准确。

3.五香牛肉摆盘要精细，间距均匀。

图7—4   五香牛肉

三、知识拓展

（一）原料

原材料是五香牛肉成型的基础，从材料着手，适当使用新型辅料，创新肉类品种，不失为一种冷菜创新的绝好途径。例如：把牛肉改为其他家畜、家禽类食材都可以做酱卤冷菜。

（二）技法

随着现代社会的高速发展，除高档餐厅、高档宴会需精细冷菜外，传统卤水制作大多是经过长时间的手工操作，不仅会影响口味的控制和生产的速度，而且也不利于大批量生产。因此，改用提前熬好的卤水，既能满足营养好、口味佳、速度快、卖相好等冷菜产品要求，也将是现代餐饮市场最受欢迎的品种。

（三）形态

"酱牛肉"这道菜肴在装盘时，可以利用刀工将其加工成除了片以外的形状，比如条、丁，或者利用手撕成型。

四、师傅点拨

五香烹饪技法是一种传统的中国烹饪技法，它以使用酱油为主要调料为特点。随着人们对美食的追求和口味的变化，五香烹饪技法也在不断创新和发展。加入其他调味料：除了酱油之外，可以加入其他的酱料如海鲜酱、排骨酱、黄豆酱增加菜肴的口感和味道。例如，可以加入姜、蒜、花椒等调味料来提升菜肴的香气和口感。结合西餐元素，可以将五香烹饪技法与西餐元素相结合，创造出更加多样化的菜肴。还可以将五香汁用于烤肉或烤鱼上，或者将五香汁与意大利面或比萨等西餐食品搭配使用。

五、思考与练习

1. 我们运用酱卤的制作工艺还能制作出哪些菜肴，请写出3道采用酱卤工艺的菜肴。

2. 通过上课及扫码观看视频，独立完成五香牛肉的制作，与家人分享并形成实训报告。

任务五　酱香猪手制作

1. 了解猪手的骨骼与韧带结构及加工要求。

2. 掌握猪手表皮的去毛技巧。

3. 掌握酱香猪手的制作工艺。

课件　酱香猪手制作

任务导学

猪手，又称猪蹄，皮多筋多，胶原蛋白含量丰富，适用于酱、炖等烹调方法。含有人体所必需的营养物质，对人体的发育、组织细胞的再生和修复、增强免疫力等有着重要作用。

酱香猪手的历史典故

据说明朝时期因为当时天下首富沈万三因富庶直逼朱家皇帝，故而引起朱元璋的不满。当皇帝知道沈万三喜欢吃猪蹄就非常高兴，觉得终于有办法整一整沈万三了。于是隆重设宴，并且通告沈万三说是给予奖赏，请他带来制作好的猪蹄来赴宴。沈万三听后很高兴，所以早早来赴宴。沈万三刚落座，皇帝就迫不及待地请厨师端出沈万三精心准备好的一道菜就是红烧猪蹄，请沈万三先品尝。朱元璋有心想加害沈万山，朱元璋突然指着猪蹄对他说："这是什么菜？"，沈万三差点就吐出"猪"字了。如果沈万山回答是"猪蹄"的话，"猪"和"朱"同音，那不就是吃皇帝的脚吗？必然冒犯了皇帝，皇帝定他个死罪也不是不可能的！这时，沈万山赶紧改口说："这是'万山蹄'，请皇上品尝"。

这样，沈万山化解了这一道生死攸关的考题，躲过一劫，"万山猪蹄"就此名声大噪并且流传百世，今人也喜欢这道传自宫廷的名菜和他的传奇故事。

一、操作过程

（一）操作准备

1. 原料、调料准备

猪手1只、生姜50克、小葱50克、八角3克、桂皮3克、香叶3克、肉蔻2颗、草果2颗、料酒15克、盐50克、糖15克、味精20克。

2. 用具准备

砧板、菜刀、电子秤、灶台、汤锅、不锈钢盆、筷子。

3. 工艺流程

猪手去毛→焯水→卤制→拆骨改刀→冷却→装盘。

4. 操作步骤

视频　酱香猪手制作

步骤图	序号/图注/要领	步骤图	序号/图注/要领
	将猪手表面的毛用明火去除干净（可以用镊子拔毛，也可以用喷火枪去毛）后用清水洗净 ①		将洗净的猪手放入锅中焯水，撇去血沫后捞出洗净 焯水后一定要洗净 ②
	汤锅里放入生姜、小葱、八角、桂皮、香叶、肉蔻、草果、料酒、盐、糖、味精、猪手，进行卤煮 每种香料不可多放，适量即可，调味要准确，卤煮90分钟左右关火浸泡一夜 ③		将卤好的猪手拆除大骨后改刀用玻璃纸包住即可切砍猪手下刀要准确 ④

二、操作过程

（一）成品特点

1. 酱香浓郁，口感丰富。

2. 刀工整洁，卤制入味。

（二）质量问题分析

1. 应控制好猪手的选料以及香料的多少。

2. 卤汁的比例要调好。

3. 摆盘要精细。

三、知识拓展

图7—5　酱香猪手

（一）原料

此道冷菜的主要原料是猪手，从材料着手，在原烹调技法的基础上改变主料品种，这也是冷菜创新的途径之一。例如：把猪手改为羊蹄、鸡肉类等食材都可以做酱卤冷菜。

（二）技法

随着现代社会的高速发展，越来越多的肉类食材涌现在人们的餐桌上。如果利用好这些食材，运用恰当的卤制手法，便能够做出更多具有特色的冷菜作品。

（三）形态

"酱香猪手"因其自身骨头较大，不宜造型，但是我们可以利用合理的脱骨手法，将其骨头取出，再配合上模具造型等技法，可以将其做出圆柱体、长方形等。

四、师傅点拨

猪前后蹄的营养价值基本上是相同的，猪的前蹄关节处是会弯曲的，而后蹄的大小脚是直的。前蹄在内侧有三道褶，前蹄的瘦肉比较多，比较适合红烧或做成卤猪蹄、酱猪蹄等菜肴；后蹄的骨头较多而且皮薄，通常只适合用制作猪蹄汤，同学们学会了吗？

五、思考与练习

1. 酱香味型的冷菜还有哪些？列举两种同款菜肴。

2. 通过上课及扫码观看视频，独立完成酱香猪手的制作，与家人分享并形成实训报告。

任务六　水晶肴肉制作

1. 了解水晶肴肉的制作工艺。
2. 掌握腌制蹄髈的技法、技巧与时间。
3. 在老师的指导下能举一反三地制作各类水晶冻制品。

课件　水晶肴肉制作

任务导学

水晶肴肉是用猪前肘为原料制作而成。前肘，也称前蹄髈，其皮厚、筋多、胶质重、瘦肉多，常带皮烹制。本次课程制作的水晶肴肉皮色洁白，晶莹碧透，卤冻透明、晶亮、柔韧，瘦肉红润，肉质细嫩，香嫩不腻，肉香宜人。切片成形，结构细密，具有香、酥、鲜、嫩四大特色。此菜爽口开胃，色雅味佳，若配上姜丝、香醋，则更加风味独特。

本课程制作的水晶肴肉是运用前肘肉胶质重、小火长焖出胶的技法，成菜后肉红皮白，光滑晶莹，卤冻透明，犹如水晶，故有"水晶"之美称。

水晶肴肉的历史典故

相传三百多年前，镇江酒海街有一家夫妻酒店。一天店主买回四只猪蹄，准备过几天再食用，因天热怕变质，便用盐腌制。但他万万没有想到，妻子误把为父亲做鞭炮所买的一包硝当作了精盐。直到第二天妻子找硝准备做鞭炮时才发觉，连忙揭开腌缸一看，只见蹄子不但肉质未变，反而肉板结实，色泽红润，蹄皮呈白色。为了去除硝的味道，他一连用清水浸泡了多次，再经开水锅中焯水，用清水漂洗。接着入锅加葱姜、花椒、桂皮、茴香，清水焖煮。店主夫妇本想用高温煮熟解其毒味，没想到一个多钟头后锅中却散发出一股极为诱人的香味。"八仙"之一的张果老也被香味吸引，于是他变成一个白发老人来到小酒店后把四只猪蹄全部买下，并当即在店里就吃了起来。由于滋味极佳，越吃越香，结果一连吃了三只半才罢休。等这老头一走，人们才知道他是张果老。店主和在场的人把剩下的半只蹄髈一尝，都觉得滋味异常鲜美。此后，该店就用此法制作"硝肉"，不久就远近闻名。后来店主考虑到"硝肉"二字不雅，方才改为"肴肉"。从此，"肴肉"一直名扬中外。

一、操作过程

（一）操作准备

1. 原料、调料准备

蹄髈一个、大葱100克、生姜100克、盐50克、花椒3克、桂皮3克、丁香2枚、八角2克、硝适量（符合国家标准的用量）。

2. 用具准备

砧板、菜刀、电子秤、灶台、炒锅、锅盖。

3. 工艺流程

蹄髈洗净→花椒八角盐腌制→下锅焖制→压制成型→冷冻→装盘。

4. 操作步骤

视频   水晶肴肉制作

步骤1   初加工与腌制

步骤图	序号/图注/要领	步骤图	序号/图注/要领
	将蹄髈去骨 刀尖要顺着骨骼与筋膜处划开，充分做到骨肉分离　①		下锅炒花椒八角盐 铁锅要干净，火温不宜过热，用中火炒制，花椒八角盐为淡咖啡色为宜　②
	将花椒八角盐撒在蹄髈上，用手里外轻搓 花椒八角盐不能一次到位，要分两次撒，边角都要搓到　③		将腌制好的蹄髈，放入冰箱冷藏15天 7天后将蹄髈翻面　④

步骤2   熟制装盘

步骤图	序号/图注/要领	步骤图	序号/图注/要领
	将腌制好的蹄髈入锅沸水，再洗净 沸水时水要淹没蹄髈　①		锅里烧水，蹄髈皮朝上肉朝下放入，依次放入葱、姜、盐、味精、糖，大火烧开后调成小火，锅内起小气泡即可，盖上锅盖焖至4小时左右　②

(续表)

步骤图	序号/图注/要领	步骤图	序号/图注/要领
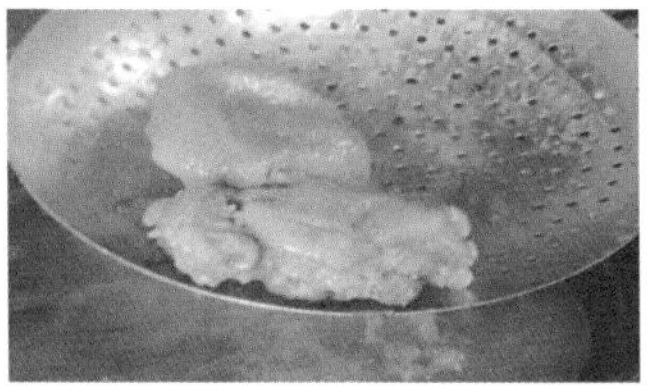	将焖至好的蹄髈捞出皮朝下，放入方盆，用刀在盆中将蹄髈剁碎，浇入锅里的煮蹄髈汤汁（皮冻汤），上面用另一个方盆压住，冷却后放入冰箱冷藏4小时 刀在盆里剁蹄髈时不能破皮，将蹄髈的瘦肉剁成小块即可　③		将方盘中的蹄髈改刀成长15厘米、宽1厘米的长方块，再切成厚0.8厘米的片，按楼梯型叠摆成型，配上姜丝、香醋即可 姜丝要切成直径2毫米的细丝，香醋里要配麻油　④

二、操作过程

（一）成品特点

1.口味软糯、肥而不腻。

2.保持传统技艺、创新工艺、营养综合。

（二）质量问题分析

1.蹄髈的加工工艺。

2.腌制时的注意事项。

3.烹饪工艺的掌握。

图7-6　水晶肴肉

三、知识拓展

（一）原料

此菜为江苏镇江地区传统冷菜，有地方烹饪工艺的独特性，此菜的制作方法也可以用于制作其他肉类菜肴，把猪蹄髈改为其他家畜、家禽类食材都可以做此类菜肴。

（二）技法

在江苏镇江地区制作水晶肴肉时加入适量硝是为了增加其特殊的风味，肴肉成品看起来色泽鲜亮，肉呈粉红色，还能起到防腐的作用。但是我国有些地区在制作时不放硝，不放硝的肴肉肉质颜色没有那么鲜亮，保存时间也会缩短。

（三）形态

由于水晶肴肉成型方法属于冷却成型，所以在冷却前可以尝试用不同的模具造型作为容器来冷却肴肉，这样就可以做出各种造型，如动物形、植物形等。

四、师傅点拨

随着时间的推移，如今的肴肉吃法变得更加丰富：1.直接配清茶作为茶点吃，一杯绿茶配一块肴肉，再配一碟醋。2.肴肉配面条吃，不管是红汤面还是白汤面，将切好的菜肴肉放进面汤里别有一番滋味。冻是一种烹饪技巧，通常用于制作冷菜与甜点。

五、思考与练习

1. 水晶类型的冷菜还有哪些？腌制时需要什么？

2. 通过上课及扫码观看视频，独立完成水晶肴肉的制作，与家人分享并形成实训报告。

任务七　蒜泥白肉制作

1. 了解蒜泥白肉的起源、特点和制作方法。

2. 掌握猪的分档取料，及蒜泥白肉的选料。

3. 在老师的指导下提高学生的烹饪技巧和创新思维。

课件　蒜泥白肉制作

任务导学

宋代孟元老的《东京梦华录》、耐得翁的《都城纪胜》皆有"白肉"售于市肆的记载。据推测，"白肉"源于北方满族，后传入南方，落户四川，演变成今日之蒜泥白肉。此菜选用肥瘦相间的五花肉或猪腿肉，经过烫煮、切薄片、凉拌而成，肉嫩香浓味美，经济实惠，佐酒下饭均宜。

蒜泥白肉的历史典故

蒜泥白肉是一道闽菜中非常经典的冷菜，起源于中国福建省。关于蒜泥白肉的历史典故有多种说法，下面列举其中几个常见的说法：

1. 说法一：据说在明朝嘉靖年间，有一位聪明才智的官员到福建任职，他经常到当地的餐馆用餐。这位官员喜欢吃猪肉，但又不喜欢油腻的口感，于是他命令厨师将猪肉煮熟后切成薄片，再用蒜泥、酱油、米醋等调料拌制而成，从而有了现在的蒜泥白肉。

2. 说法二：清朝乾隆年间，有一位福建籍的官员，他对于食物的口味有着很高的要求。有一天，他在家中宴请客人，当时他家只剩下一些猪肉和蒜瓣，于是他就将猪肉煮熟后，切成薄片，蒜瓣捣成蒜泥，再将其混合，并加入适量的调料，最终做成了蒜泥白肉。客人们品尝后非常赞赏，这道菜逐渐传开，并成为一道四川的特色菜。

无论哪种说法更接近真相，蒜泥白肉因其鲜美的口感和独特的调味而在福建地区得到了广泛的喜爱，后来也逐渐传播到了其他地区，并成为一道备受欢迎的中国传统菜肴。

一、操作过程

（一）操作准备

1. 原料、调料准备

五花肉 250 克、蒜泥 30 克、大葱 10 克、生姜 10 克、精盐 5 克、白糖 8 克、酱油 20 克、红油辣椒

25克。

2. 用具准备

灶台、炒锅。

3. 工艺流程

准备材料→焯水→刀工处理→调汁→装盘。

视频　蒜泥白肉制作

4. 操作步骤

步骤图	序号/图注/要领	步骤图	序号/图注/要领
	准备材料：五花肉250克、蒜泥30克、大葱10克、生姜10克、精盐5克、白糖8克、酱油20克、红油辣椒25克 肉的选择决定菜品的好坏　①		锅中加水、葱、姜，放入洗干净的五花肉煮制，锅中水滚后改为小火煮制，半个小时后捞出凉透 用蒜泥、酱油、红油辣椒、白糖、味精调制成蒜泥味汁 火候的掌握　②
	将冷却的肉切薄片排好 刀工要精细　③		熟制后装盘：将切好的五花肉排好，码在盘中成桥形，调制好的蒜泥味汁浇在肉上即可 装盘形状要美观　④

二、操作过程

（一）成品特点

肉白汁红、片薄且长、味咸鲜微辣、蒜香味浓、质地滑嫩、肥而不腻。

（二）质量问题分析

1. 煮制五花肉时火候的控制。

2. 煮制时间的掌握。

3. 味型的调制。

图7-7　蒜泥白肉

三、知识拓展

（一）原料

制作蒜泥白肉的主要原料是猪五花肉，从原料上进行改变，利用其他肉类原料可以制作出不同的创新冷菜。例如：把猪五花肉改为其他家畜、家禽类食材，可以制作出不同风味的冷菜。

（二）技法

传统的蒜泥白肉在制作时，使用的是未经熟处理的白蒜。随着现代烹饪技法的不断创新，利用提前熬制的金蒜泥也可以制作此菜。而且在口感上蒜香更加浓郁且去除了蒜的苦味，色泽也更加丰富。

（三）形态

传统蒜泥白肉在装盘时是将五花肉切薄片，按单拼的方法进行装盘。在此可以改变装盘技法。例如：在五花肉片中放入脆性蔬菜，利用卷的操作技法进行成型，最后利用堆叠法进行装盘。这样不仅在色泽上更加美观，口感上也更加丰富，还能起到解腻的作用。

四、师傅点拨

刀工在烹饪中起着至关重要的作用，它是根据烹饪的要求，将各种原料加工成一定形状的操作过程。首先，刀工技术对菜肴制成后的色、香、味、形及卫生等方面都有重要的影响。熟练的刀工，是优秀厨师必须具备的基本技能，它的作用是整齐划一、清爽利落、配合烹调、物尽其用。因此，刀工对于提升菜肴的质量和美观度，以及提高烹饪效率都具有重要意义。本课程中的蒜泥白肉刀工起着关键性的作用，在切带皮五花肉时，首先需要将五花肉放在切菜板上，用切肉刀切掉多余的皮边缘部分，使其更加整齐。然后，可以用切肉刀将五花肉沿肉纹方向切成大约2毫米的薄片，这样可以保持肉的鲜嫩度。如果需要将五花肉切成小块，可以将每个薄片切成相等大小的正方形或长方形，这样可以更方便地进行烹饪。如果你希望切成细丝状，可以将每个薄片横向切成细条，然后再沿着细条的方向再次切成丝。

五、思考与练习

1.思考一下蒜泥白肉为何能成为经典菜肴之一，其优点有哪些？

2.通过上课及扫码观看视频，独立完成蒜泥白肉的制作，与家人分享并形成实训报告。

项目八　中式冷菜的发展与传承

一、学习目标

（一）知识目标

1. 了解冷菜的形成过程与发展趋势。

2. 掌握中式冷菜的地位和作用。

3. 理解冷菜的传承与创新。

（二）技能目标

1. 能够知晓中式冷菜的发展历程和地位。

2. 分辨冷菜的类别。

（三）素养目标

1. 培养学生对中华餐饮文化的热爱。

2. 引导学生树立传承、创新中华饮食技艺的责任感。

（二）项目导学

中式冷菜的历史源远流长，是我国餐饮文化中非常重要的一部分。中式冷菜在中餐、西餐以及其他菜系中占有十分重要的地位和作用。通过学习、厘清中国冷菜形成与发展的轨迹，加深对我国历史文化的认知，促进中式冷菜传承与创新的深刻理解和深入实践。

本项目学习的知识内容包括：中式冷菜的形成与发展；中式冷菜的作用和地位；中式冷菜传承与创新。

任务一   了解中式冷菜的形成与发展

学习目标

1. 了解中式冷菜的形成过程。
2. 了解中式冷菜发展阶段。
3. 能讲述中式冷菜形成与发展的过程。

任务导学

中国饮食的发展历史是中华民族历史的一个重要部分，中式冷菜的形成与发展轨迹也展示了中国饮食文化与历史发展过程。了解冷菜的形成、发展，有利于传承中华民族的传统文化。

一、冷菜的形成

在我国历史上，饮食生活可以说是个社会的等级文化现象，肴馔的优胜丰富也是富贵阶级经济实力和政治权力的直接表现。因此，我们也只有通过上层社会的餐桌，才能理清中国冷菜形成与发展的轨迹。

历史上的上层社会，尤其是君王贵族的宴享，既隆重频繁又冗长烦琐。宴享之中，杯觥交错，乐嬉杂陈。为适应这种长时间进行的饮食活动需要，在爆、炸、煎、炒等快速致熟烹调方法产生之前，古代人无疑是以冷菜为主要菜品的。由于文字记载远远落后于生活实际的早期历史的特点，也由于今天很难再见到历史菜品实物的原因，我们不太了解商代或更早的夏代的详尽的饮食生活情况，但丰富的文字史料可以让我们比较清楚地了解到周代肴馔的基本面貌，从中我们可以"窥视"到并推理出我国冷盘形成与发展的清晰的痕迹。

《周礼》便有天子常规饮食例以冷食为主的记载："凡王之稍事，设荐脯醢"（《周礼·天官·膳夫》）；郑玄注："稍事，为非日中大举时而间食，谓之稍事。……稍事，有小事而饮酒。"；贾公彦疏："又脯醢者，是饮酒肴羞，非是食馔。"这表明早在西周时代，人们便已清楚地认识到冷荤（先秦时期，冷菜多用动物性原料制作而成）宜于宴饮的特点，并形成了一定的食规。

《礼记》一书的《内则》篇详细地记述了一些珍贵的养老肴馔，即淳熬、淳母、炮豚、炮牂、捣珍、渍、熬、肝膋等。这就是古今传闻的著名"周代八珍"。这些肴馔既反映了周代上层社会美食的一般风貌，也反映了当时肴馔制作的一般水准。但更重要的是，我们从中似乎也可以找出一些冷盘的雏形。

淳熬、淳母是分别用稻、粟制作的米饭，上面覆盖上一些肉酱。从酱的传统食用方法角度来说，一般酱则是冷食的，而且既是食之常肴，也是常用的调味品。无论是居常饮食，还是等级宴享，都有不同品类的酱，又泛称为"醢"，陈列于案几之上。《周礼·天官·膳夫》有"凡王之馈食……酱用百有二十瓮。"之记载，便是有力的证明。酱是食之常肴和基本调味品，并且因所选用原料的不同而有许多品类，这已为史料所证实。虽然对王室所用百二十瓮的详情无人能述，但值得注意的一点是，绝大部分植物性原料所制成的菹，可能并没有热加工工序，而有的动物性原料如蠃（蜁蝓）、蚳（蚍蜉子）、蜗、卵（鲲鱼子）等也有不经热加工工艺的可能。仅从这一点我们完全可以判断，酱（醯、醢、菹等）主要是用作冷食之肴，是无可怀疑的了。

炮豚、炮牂，虽然热食溢香肥美，冷食亦别有韵致风味。这种烧烤后又长时间（三日三夜）蒸制，再"调之以醯醢"的乳猪和大块羊肉，自然较为适合作长时间进行的宴饮的菜品。虽然我们还不能说它们就是当时热制冷吃的冷盘菜品，但可以说它们已具备了冷荤菜肴干香、鲜嫩或软韧、无汤、不腻的特点。很大的可能是两相适宜，兼有其功的热、冷食合二为一的菜品。

捣珍是选用牛、羊、麋、鹿等动物性原料，先加工成熟，再经去膜、揉软等加工工序而制成，食用时亦调以醯醢。可见这种捣珍一类的菜品无疑是明确地用于冷食的。

二、中国冷菜的发展阶段

中国冷菜创建先秦期间，随着社会形态的不断发展，一些本是热吃的食品，制作方法随之变成制作冷菜的方法，并出现凉菜的制作以及食用的方法，这类方法在烹饪发展过程当中逐渐变为体系化以及规范化，凉菜制作工艺逐步形成。凉菜制作工艺到了明清期间，其内容和形式一天比一天完善，制作冷菜的食材及方法也在不断创新，一部分创新是技法的不断积累，如：酱制法，风干制法，卤制法，拌制法，腌制法等；而另一部分则是偶然形成的，如：糟制法，醉制法，这些深厚的历史积淀使凉菜成为与热菜、面点共同存在、鼎力发展的格局。中国冷菜的历史，大致可以分成以下阶段。

（一）萌芽阶段

中国冷菜萌芽于周代，并经历了冷菜和热菜兼有和兼承的漫长历史。我们根据史料记载完全可以说，先秦时代，冷菜还没有完全从热菜系列中独立出来，尚未成为一种特定的冷食菜品类型。

（二）唐宋时代

冷菜的雏形已经形成，并在此基础上也有了很大的发展。这一时期，冷菜也逐步从肴馔系列中独立出来，并成为酒宴上的特色佳肴。唐朝的《烧尾筵》食单中，就有用五种肉类拼制成"五生盘"的记述。宋代陶谷的《清异录》中记述更为详尽："比丘尼梵正，庖制精巧，用鲊臞胳脯，醢酱瓜蔬，黄赤杂色，斗成景物。若坐及二十人，则人装一景，合成辋川图小样。"这段记载可以足证当时技艺非凡的梵正女厨师，采用腌鱼、烧肉、肉丝、肉干、肉酱、豆酱、瓜类、菜类等富有特色的冷盘材料，设计并拼摆出了20个独立成景的小冷盘，创造性地将它们组合成兼有山水、花卉、庭园、馆舍的"辋川别墅式"的大型风景冷盘图案，发展了我国的冷冻工艺技术。这也充分反映了在唐、宋时期，我国的冷菜工艺技术已达到了相当高的水平，同时，用植物性原料来制作冷菜已是很普遍了。

（三）明清时代

冷菜技艺日臻完善，制作冷菜的原料及工艺方法也不断创新与发展。这一时期，很多工艺方法已成为专门制作冷盘材料而独立出来，如糟法、醉法、酱法、风法、卤法、拌法、腌法等，并且，用于制作冷盘菜品的原料有了很大的扩展，植物类有茄子、生姜、冬瓜、茭白、蕹菜、蒜苗、绿豆芽、笋子、豇豆等；动物类有猪肉、猪蹄、猪肚、猪腰、猪舌、羊肉、羊肚、牛肉、牛舌、鸡肉、青鱼、螃蟹、虾子等，以及一些海产鱼类和奇珍异味，如海蜇、乌贼、比目鱼、蛏子、蚝肉、发菜等都是这一时期用于制作冷菜菜品的常用原料。这充分说明了在明、清时期，我国的冷藏工艺技术已达到了非常高超的水平。

（四）新中国成立以后

我国冷菜技艺也在不断提高和发展，逐渐由热菜之中独立出来，成为一种独具风味特色的菜品系列，由贵族宴饮中独嗜到平民百姓共享，由品种单调贫乏到品种丰富繁多，由工艺技术简单粗糙到工艺技术精湛细腻。当然，这是事物发展的趋势，也是历史发展的必然。新中国成立以后，我国冷盘工艺技术的发展更是突飞猛进，尤其是21世纪以来，我国冷菜工艺技术的发展更是日新月异，虽然冷菜无论是在风味特色上还是在制作工艺技术上，都有着与热菜不同的独特个性，但冷菜目前在原料的选择或是在制作方法上与热菜越来越趋于类似和统一，甚至可以说，能用于热菜的原料就可以用于冷菜，可以制作热菜的方法也可以制作冷菜，如烤、炸、溜、炖、焖、煎、蒸等是典型的热菜制作方法，现在这些方法也开始挪用制作冷菜，是迎合了"合久必分，分久必合"的事物发展规律还是现代人们的聪颖智慧所造就，我们在这里无须深究，或许两者兼而有之，但这对冷菜的发展是有益的。也就是我们烹饪工作者在不断地挖掘、继承我国传统烹饪工艺技术的基础上推陈出新，才能使冷菜成为我国烹饪艺坛中的一朵鲜艳的奇葩，并开得越来越鲜艳。

知识和能力拓展

中华上下五千年，凉菜已有三千载

闻名于世的中国凉菜在我国有着悠久的历史。据史料记载，中国凉菜制作创始于3000多年前的奴隶社会，当时各代殷王为祭祀神灵和他们的祖先，用陶瓷和各种鼎来盛装供品，供品大部分都是熟的肉食。

早在春秋战国时期，在先秦的《礼记》一书中提到的"饤"凉拼盘，那时的"饤"与现在的花色冷拼比较相似。到了隋代已有花式凉拌菜。到了汉朝，凉菜已普遍大量制作，市面上加工供应熟食凉菜的店铺到处可见。随着历史的发展，到了明清两朝，凉盘技艺，不断得到充实和提高。

思考与练习

1. 为什么需要通过上层社会的餐桌，才能理清中国冷菜形成与发展的轨迹？
2. 简述我国冷菜形成与发展的历史。

任务二　掌握中式冷菜的作用和地位

1. 掌握中式冷菜的作用。

2. 掌握中式冷菜的地位。

3. 能叙述中式冷菜的作用。

任务导学

中式冷菜的中国各菜系中，以及西餐中，都体现了十分重要的作用和地位。认清冷菜的作用和地位，才能提升学习冷菜制作技艺的动力，才能促进中式冷菜技艺的传承与创新。

冷菜无论是在中餐、西餐，还是在其他菜系中，它的作用和地位都是极其重要的。

一、冷菜的作用

1. 冷菜关系着宴席的质量

冷菜无论是在正规的宴席上还是在家庭便宴中，总是与客人首先"见面"的首道菜式。在餐饮行业中，冷菜素有"脸面菜"之称，也常被人们称为"迎宾菜"，可以说是宴席的"序曲"。所以，冷菜规格和品质关系着整个宴席程序的质量效果，起着"先声夺人"的作用。俗话说：良好的开端，等于成功了一半。如果这"迎宾菜"能让赴宴者在视觉上、味觉上和心理上都感到愉悦，获得美的享受，顿时会气氛活跃，宾主兴致勃发，这会促进宾主之间感情交流及宴会高潮的形成，为整个宴会奠定良好的基础。反之，低劣的冷菜，则会令赴宴者兴味索然，甚至使整个宴饮场面尴尬，让宾客高兴而来，扫兴而终。

2. 冷菜能够刺激食欲

冷菜作为宴席的第一道菜品，其色、香、味、形等各个方面均能直接影响顾客对整个宴席的评价，特别是一些千姿百态的艺术拼盘，会使人心旷神怡、兴趣盎然，有身临其境之感，不仅能刺激人们的味蕾，对活跃整个宴席气氛也能起到锦上添花的作用。

3. 冷菜能缓和制作热菜的节奏

热菜受温度局限较大，一般要求随做随吃，而冷菜一般是常温下食用，可以提前准备、大量制作。宴席开始之前，通常先上冷菜，客人们边喝酒边吃冷菜，然后再上热菜，这样可以很大程度上缓解烹饪人员制作热菜的压力和时间的紧张。

4. 冷菜体现企业和厨师的水平

冷菜看似简单，但其实对原料、刀工、摆盘造型、色彩搭配等相对更高，因而也就更加体现餐饮企业的经营情况及厨师的技艺水平。所以，大家在餐饮企业往往可以看到冷菜制作间是透明的，冷菜进行橱窗陈列，既直观地反映企业制作菜肴的过程，也展示厨师的技艺水平，可以既让顾客吃得放心，也起到广告效应，能够吸引更多的顾客。

5. 冷菜能够促进旅游发展

随着经济社会发展，人民生活不断丰富，外出旅游者越来越多。虽然现在旅游餐饮发展很好，各类旅游食品销售也很丰富，但是，还是存在着价格高、品质良莠不齐等问题，所以，很多旅游者往往喜爱自带食品，既经济又卫生。冷菜具有味道丰富、干香少汁、地方特色明显、方便携带特点，所以，一些冷菜作为旅游食品，深受广大旅游者的喜爱。

二、冷菜的地位

1. 冷菜是传统宴席中不可或缺的菜品

中国自古素有"无冷不成席"的说法，冷菜是宴席的重要组成部分。冷菜是宴席的佐酒佳肴，不会因为菜品温度的变化而改变滋味，符合人们边食边谈的习惯。如今，尤其在大型宴席上，更少不了冷菜，而且冷菜的数量几乎接近热菜的数量，冷菜的规格档次直接反映了宴席的规格和档次。

冷菜制作独具一格。冷菜制作与热菜不同，常用的冷菜制作方法有酱、卤、炝、拌等十几种，在制作上讲究味深入骨、香透肌理、干香鲜醇、无汁不腻。由于其制作方法别具一格，冷菜制作历来被列为炉头四大工种之一。

2.冷菜也可以独立成席

随着经济社会的发展，有的传统宴席由冷餐酒会代替。一般性宴席由很多菜品共同组成，包括冷菜、热菜。冷菜即使在某些方面小有失误，通过其他菜式（如热菜、点心、甜菜或水果等）还能得到一定程度地弥补和纠正。但在冷餐酒会中，冷菜贯穿宴饮的始终，并一直处于主角地位，可谓是上演着"独角戏"。冷餐会上冷菜，在色彩、造型、拼摆、口味或质感上，哪怕只有一点小小的失误，其他菜式都无法出场"补台"，并且始终都会影响着赴宴者的情绪及整个宴会的气氛。因此，冷餐会上的冷菜往往采用花色拼盘技法，呈现出更精美的样式。由此可见，冷菜的地位和作用在冷餐酒会中是非常重要的。

目前，无论是在宾馆、饭店、酒楼，或是小食店、大排档的菜点销量中，冷菜都占有相当大的比重。我们相信，随着我国烹饪文化的不断发展和人民生活水平的不断提高，冷菜的地位和作用将会更加突出和显著。

思考与练习

1.冷菜的作用体现在哪些方面？

2.冷菜在不同种类宴席中的作用有何异同？

3.如何理解"无冷不成席"的说法？说明了什么？

任务三　理解中式冷菜的传承与创新

1.了解中式冷菜传承的内容。

2.了解中式冷菜创新的趋势与特点。

3.理解中式冷菜传承与创新的意义。

任务导学

时代的发展、人民对美好生活的追求，对中式冷菜技艺提出了创新的要求。传承是创新的基础，创新是发展的需要，现代餐饮人要了解中式冷菜传承的内容、创新趋势和特点，理解传承与创新的重大意义，才能为中国饮食文化发展做出贡献。

中式冷菜作为中国饮食文化的重要组成部分，源远流长。经过数千年的发展，已经形成了丰富多样的品种和独特的烹饪技艺，深受人们的喜爱。在中式冷菜传承发展的过程中，冷菜的制作工艺和口味在不断变化，一些传统的冷菜逐渐被遗忘，而一些新的冷菜则应运而生。这种变化，既是对传统冷菜的一种挑战，也是对冷菜文化的一种创新。当前，中式冷菜的传承与创新是中华饮食文化发展的重要课题，对于推动餐饮业的繁荣和提高人们的生活品质具有重要意义。

一、冷菜的传承

传承的意思是更替继承，传递，接续，指继承并延续下去，一般指承接好的方面，有承上启下的意思。中式冷菜传承，就是要致力于冷菜的继承和发展，秉承中式冷菜制作传统技艺并融合各派技法，兼收并蓄的创新，结合现代化食品工业技术，将传统技艺与现代科技完美结合。在保证食材安全的基础上，最大限度保留冷菜食材原有的口感和营养。与此同时，将食材的药理功效与营养平衡的健康理念融合于菜品研发中，进行菜品的时尚、科技、营养的创新。充分吸收中外冷菜文化，并进行创新性融合。冷菜传承主要包括以下三个方面。

（1）传统技艺：冷菜的制作技艺源远流长，包括刀工、拌制、腌制等多种技法。这些技艺在历代厨师的传承和发展中，逐渐形成了一套完整的体系，为冷菜的制作提供了丰富的技术手段。

（2）经典菜品：冷菜的经典菜品有很多，如拍黄瓜、凉拌豆腐皮、糖醋排骨等。这些菜品经过历代厨师的不断改进和创新，已经成为冷菜的代表作品，深受人们喜爱。

（3）地域特色：中国各地的饮食文化各具特色，冷菜也不例外。如四川的泡菜、广东的腊味、江苏的糟卤等，都是具有地域特色的冷菜代表。

二、冷菜的创新

在冷菜的创新过程中，我们可以看到许多新的趋势和特点。

（1）制作工艺创新。冷菜的制作工艺越来越精细。在过去，冷菜的制作主要依赖于厨师的经验和技巧，而现在，人们开始使用各种现代化的设备和技术，如低温烹饪、真空包装等，以提高冷菜的口感和营养价值。

（2）口味创新。冷菜的口味越来越多元化。传统的冷菜口味以酸、甜、辣为主，但随着人们对美食的追求，冷菜的口味也在不断创新。如今，冷菜的口味更加丰富多样，人们开始尝试各种新的口味组合，如麻辣、酸甜、香辣等，满足了不同人群的口味需求。

（3）原料创新。冷菜的食材原料越来越丰富。在过去，冷菜的主要食材是肉类和蔬菜，而现在，随着人们生活水平的提高，对食物的需求也在不断变化。冷菜的原料也在不断创新，人们开始使用各种海鲜、水果、豆制品等新型食材，以丰富冷菜的口感和营养价值。这些新颖的原料为冷菜的制作提供了更多的可能性。

（4）造型创新。冷菜的形式越来越多样化。在过去，冷菜主要是以盘装的形式出现，而现在，人们开始尝试各种新的表现形式，如卷、片、球等，以增加冷菜的观赏性和艺术性。随着时代的发展，冷菜的造型也在不断创新，如拼盘、雕刻等手法都被运用到冷菜的制作中，使冷菜更具观赏性和艺术性。

（5）营养搭配创新。现代人越来越注重健康饮食，冷菜的营养搭配也成了创新的重要方向。如将蔬菜、肉类、豆制品等食材进行合理搭配，既保证了口感，又满足了营养需求。

三、冷菜的传承与创新的意义

冷菜的传承与创新，不仅是对传统饮食文化的尊重和继承，也是对现代饮食文化的创新和发展。在这个过程中，我们可以发现，无论是传统的冷菜还是创新的冷菜，都是人们对美食的追求和热爱的体现。

冷菜的传承与创新，也反映了人们对健康饮食的重视。在传统的冷菜中，人们注重食材的新鲜和营养；

在创新的冷菜中，人们注重食材的多样性和平衡性。这些都是健康饮食的重要原则。

冷菜的传承与创新，还体现了人们对生活品质的追求。在传统的冷菜中，人们追求的是简单、自然、美味；在创新的冷菜中，人们追求的是新颖、独特、艺术。这些都是生活品质的重要体现。

总的来说，冷菜的传承与创新，是美食文化的新篇章。在这个过程中，我们不仅可以品尝到各种美味的冷菜，也可以感受到人们对美食和文化的热爱和追求。因此，我们应该珍视和保护这一文化遗产，同时也应该勇于创新和发展，以推动美食文化的进步。

知识和能力拓展

中式冷菜创新的方法

1. 挖掘法

我国饮食有几千年的文明史，可以挖掘出好多已失传但又有价值的菜品来。从全国许多"仿古菜"的制作来看，厨师和餐饮工作者应考虑到：

第一，仿古菜点，不是对古代菜点的照搬，只要求它具有古代的风韵。

第二，仿制的每个菜点，从名称到原辅料，必须有详实地史料记载和根据。

第三，对待烹饪中的传统技艺，其原则是"取其精华，去其糟粕"，不能全盘拿来，对不合理、不科学、无使用价值的工艺和费工费时的菜品，要进行取舍和改进。

第四，坚持具有地方、民族特色，特别在菜品的构思上，紧紧与烹饪文化相联系。

第五，菜点在营养、卫生、口味上要符合今天人们的要求。

2. 借鉴法

借他人之长，补己之短，是优秀厨师惯用的手法。以川菜为例，借鉴西料有以下几种：

（1）西料中用：即广泛使用引进和培植的西方烹饪原料，如蜗牛、澳洲龙虾、象拔蚌等。

（2）西味中调：吸取借鉴西餐常用的调味料，丰富川菜之味，如番茄酱、咖喱、柠檬汁、XO酱等。

（3）西烹中借：借鉴西餐烹法，创新菜品，如运用"铁扒炉"制作扒菜；采用"酥皮制"之法与川菜酥炸烹法结合。

（4）西法川效：即吸取借鉴西餐菜肴中的基本加工制作方法，应用于川菜制作之中，如"酥盏鲜贝"就是借鉴西点擘酥之盒经烤或炸制后成盏，盛装炒熟的各种菜肴而成等等。

3. 采集法

采集民间烹饪佳作，就是一个能够取得成功的路子，古今皆有。

如清初著名诗人袁枚，儿时在乡间听兄长讲过"煨笋"之法，他一经改进，也化腐朽为神奇。又如四川回锅肉、麻婆豆腐、水煮牛肉、盐煎肉等。

4. 翻新法

把过去已有的馔肴，结合今天人们的饮食需求，改造一番，翻新出来，也是一种创新的办法。

如传统菜回锅肉，很多饭店的厨师，以盐菜、侧耳根、泡酸菜，油炸的锅盔、年糕、鲜玉米粑、豆腐干等作为辅料加入炒成，还有的将肉故意切薄切长，炒成大刀回锅肉。

5. 立异法

标新立异，出奇制胜，得有点新道。如有声音的传统菜三鲜锅巴、锅巴肉片、锅巴海参、响铃肉片等，厨师受其启发，采用主辅变料之法创制的麻花鱼片即有立异之意。

又如，近年来一些厨师根据菜品的文化内涵的需要，采用鱼装船、虾装篓、果装篮、鸡装笆、饭装竹、丁装瓦、点心装叶等等，就给人一种新奇感，使菜品更具有文化品位。

6. 移植法

粤菜中的"姜葱爆蟹""清炒螺片"，经移植后基本采用原有烹法，加入了四川的泡辣椒和泡仔姜烹成。再如"咸鸭蛋黄炒蟹"一菜，经移植四川之后，烹制出"翻砂苦瓜或芦荟""咸蛋黄烩豆腐"等一系列菜品，深受四川食者所喜爱。

7. 变料法

变料法就是一种以变料的方法创新菜肴，在四川烹饪界流行一句"变料"的行话："吃鸡不见鸡，吃肉不见肉。"借鉴四川传统名菜——"鸡豆花"，四川很多餐馆新供应的"肉豆花""鱼豆花""兔豆花"，碗中只见豆花样，原料采用的却是猪、鱼、兔之肉为料的。那么，可否试用大虾、鲜贝、鲜鱿之肉来制作"虾豆花""鲜贝豆花""鲜鱿豆花"呢？

8. 变味法

利用各个地方、各菜系已有的调和成果，选择出当地食客能接受的味型来丰富菜肴品种，也是一条捷路。

近年川菜厨师新创的蛋黄油、糍粑椒大蒜油、川椒生姜油、葱姜油、海鲜豉汁油、蒜香油等，再经烹调复合成新颖独具的食尚味型。还同时吸收了不少国内外的好味型，如西餐的糖醋茄汁味、荔枝茄汁味、咸鲜茄汁味、果汁味、咖喱味；粤菜的蚝油味、芥末味；湖南的家常剁椒等都很受四川人喜爱。

9. 摹状法

菜品造型可采取摹状的方法，去表现和塑造厨师的主题构思，而不要仅限于"写实"的手法，去机械模仿自然界的东西。可以这样说，厨师要以利用任何荤素的烹饪原料来塑造自己想表现的主题。蔬菜、瓜果、禽畜肉类等原料，都是你随心所欲的造型材料。

10. 寓意法

怎样运用"寓意"之法来创新菜肴呢？要抓住两个方面。一是在设计菜品时，构思要巧妙，要表现出盘中的诗情画意；二是菜肴命名雅致，名寓意趣，让盘中有画、画中有诗、诗中有寓情。

思考与练习

1. 结合自己的理解，阐述如何加强冷菜传统技艺的传承？
2. 冷菜如何加强创新？列举一些创新冷菜。

项目小结

本项目介绍了中式冷菜的历史，大致可以分成萌芽阶段、唐宋时代、明清时代、新中国成立以后等几个阶段。冷菜无论是在中餐、西餐，还是在其他菜系中，它的地位和作用都是极其重要的，既是传统宴席中不可或缺的菜品，也可以独立成席。中式冷菜可从传统技艺、经典菜品、地域特色等方面进行传承。中式冷菜的创新呈现出许多新的趋势和特点，可进行制作工艺创新、口味创新、原料创新、造型创新、营养搭配创新。冷菜的传承与创新具有重大意义，是美食文化的新篇章。

主要参考文献

1. 萧帆. 中国烹饪辞典［M］. 北京：中国商业出版社，1992.

2. 张建国，沈勤峰. 冷菜冷拼制作技艺［M］. 北京：北京师范大学出版社，2023.

3. 朱云龙. 中国冷盘工艺［M］. 北京：中国纺织出版社，2008.

4. 邸元平，钟志慧，王荣兰，徐丽卿. 地方风味面点工艺［M］. 武汉：华中科技大学出版社，2023.

5. 周煜翔. 冷菜制作与艺术拼盘［M］. 北京：旅游教育出版社，2022.

6. 黄刚平. 烹饪营养卫生学［M］. 南京：东南大学出版社，2007.

7. 宫润华，程小敏. 冷菜与冷拼工艺［M］. 北京：中国轻工业出版社，2022.

8. 文歧福，韦昔奇. 冷菜与冷拼制作技术［M］. 北京：机械工业出版社，2021.

9. 杨宗亮，黄勇. 冷菜与冷拼实训教程［M］. 北京：中国轻工业出版社，2018.

10. 胡建国. 中式冷菜［M］. 北京：科学出版社，2018.

11. 程礼安. 冷菜工艺［M］. 杭州：浙江大学出版社，2022.

12. 赵荣光. 中国饮食史论［M］. 哈尔滨：黑龙江科学技术出版社，1990.

13. 郑奇，陈孝信. 烹饪美学［M］. 昆明：云南人民出版社，1989.

14. 杨继林，金陵冷盘经［M］. 南京：江苏人民出版社，1990.

15. 中国法制出版社. 中华人民共和国食品安全法［M］. 北京：中国法制出版社，2020.

附件1

评价标准表

序号	项目	评价要点	配分	技能标准	扣分	得分
1	色泽	成品 色泽度	15	（1）成品色泽符合应有的标准色度，不扣分。 （2）成品色泽基本符合应有的标准色度，扣3—5分。 （3）成品色泽与标准色度相差较大，扣6—10分		
2	成形	刀工 规格 料形	15	（1）刀法合理，大小一致，形态标准，不扣分。 （2）料形大小不一致，扣3—5分。 （3）料形形态不标准，扣3—5分		
3	质感	火候 外感 内感	15	（1）火候运用较好，基本达到质感要求，扣1—2分。 （2）火候运用一般，质感较差，扣3—5分。 （3）火候运用不当，质感很差，扣6—8分		
4	口味	味型 味度	15	（1）口味纯正，味度略有偏差，扣1—2分。 （2）口味一般，味度偏差较大，扣3—5分。 （3）口味很差，味度偏差很大，扣6—8分		
5	操作	时间 熟练程度	20	（1）能按规定时间内完成，操作较熟练，扣1—2分。 （2）略超规定时间内完成，操作不熟练，扣3—5分。 （3）超规定时间内完成，操作很不熟练，扣6—8分		
6	呈现	形态 盘饰 卫生	20	（1）形态、盘饰及干净卫生程度较好，扣1—2分。 （2）形态、盘饰及干净卫生程度一般，扣3—5分。 （3）形态、盘饰及干净卫生程度较差，扣6—8分		
7	合计		100			

说明：

（1）学生没能按要求穿戴整齐干净的工作衣帽酌情扣分。

（2）学生在操作过程中出现原料、能源浪费及安全隐患等酌情扣分。

（3）制法错误，违规使用添加剂，烹饪不能食用，记0分。

附件2

实训报告表

实训时间		指导老师	

一、实训内容与过程记述

二、实训结果与产品质量

三、实训总结与体会

传统文化方面：

理论知识方面：

专业技能方面：

四、教师评价

附件3

单词表
Vocabulary

一、水果类

苹果	apple	樱桃	cherry
百香果	passion fruit	草莓	strawberry
火龙果	dragon fruit	荔枝	litchi
蔓越莓	cranberry	桃子	peach
中国枣	Chinese date	梨	pear
杏	apricot	橙	orange
木瓜	papaya	芒果	mango
菠萝	pineapple	榴莲	durian
香蕉	banana	柠檬	lemon
西瓜	watermelon	青柠	lime
奇异果	kiwi fruit	蓝莓	blueberry
黑莓	blackberry	葡萄	grape
李子	plum	山竹	mangosteen
椰子	coconut	龙眼	longan
橄榄	olive	西梅	prune
杨梅	waxberry	桑葚	mulberry
圣女果	cherry tomato	牛油果	avocado

二、蔬菜类

娃娃菜	baby cabbage	紫甘蓝	red cabbage
山药	yam	紫薯	purple potato
花菜	cauliflower	冬瓜	white gourd
豆芽	bean sprout	甜菜根	beetroot
芦笋	asparagus	西兰花	broccoli
甜椒	bell pepper	胡萝卜	carrot
卷心菜	cabbage	芹菜	celery
白萝卜	daikon	马铃薯	potato
黄瓜	cucumber	茄子	eggplant
玉米	corn	豌豆	pea

洋葱	onion	蘑菇	mushroom
莴苣	lettuce	红薯	sweet potato
番茄	tomato	生菜	lettuce
南瓜	pumpkin	菠菜	spinach
韭菜	leeks	茴香	fennel
香菜	coriander	樱桃萝卜	radish
西葫芦	zucchini	木耳	edible tree fungus
莲藕	lotus root	丝瓜	luffa
葱	scallion	芋头	taro
芥蓝	mustard greens	薄荷	mint
苦菊	collard greens	大蒜	garlic

三、肉鲜类

猪肉	pork	扇贝	scallop
牛肉	beef	牡蛎	oyster
羊肉	mutton	蟹	crab
猪排	pork chop	鲈鱼	weever
牛排	steak	海参	sea cucumber
小羊排	lamb chop	水母	jellyfish
肋骨	ribs	虾	shrimp
香肠	sausage	对虾	prawn
培根	bacon	鲍鱼	abalone
鹅肝	goose liver	蛤蜊	clam
鸭	duck	龙虾	lobster
鸡	chicken	小龙虾	crawfish
鹅	goose	鸡翅	chicken wing
鳜鱼	mandarin fish	鱿鱼	squid
金枪鱼	tuna arctic	北极贝	shellfish
鲑鱼	salmon	蛏子	razor clam

四、调料类

料酒	cooking wine	醋	vinegar
酱油	soy sauce	味精	monosodium glutamate
老抽	dark soy sauce	番茄酱	ketchup
生抽	light soy sauce	芥末	mustard
蚝油	oyster sauce	辣酱油	chili sauce
糖	sugar	盐和胡椒	salt& pepper
盐	salt	色拉	salad
麻油	sesame oil	丁香	clove

五、餐具类

杯子	cup	搅拌器	shaker
咖啡壶	coffee pot	花瓶	vase
糖罐	sugar bowl	冰箱	fridge
牛奶瓶	creamer/milk jug	冷柜	freezer
茶壶	teapot	咖啡机	coffee maker
马克杯	mug	搅拌器	blender
杯和茶杯托	cup&saucer	搅拌机	mixer
水壶	pitcher	料理机	food processer
瓶子	bottle	烤箱	oven
玻璃杯	glass	微波炉	microwave
碗	bowl	烤面包机	toaster
盘子	plate	壶	kettle
盛菜盘	serving dish	锅	pot
托盘	tray	蒸锅	steamer
餐巾	napkin	平底锅	pan
面巾纸	tissue	炒菜锅	wok
叉子	fork	长柄勺	ladle
刀	knife	铲	spatula
勺子	spoon	厨灶	stove
筷子	chopsticks	锅垫	pot holder
牙签	toothpick	洗洁精	detergent
蜡烛	candle	擦盘巾	dish towel
罐子	jar	盘架	dish rack
切肉板	cutting board	香料架	spice rack
漏勺	colander		

六、烹调方式

切（段）	cut（up）	煮	boil
切（碎）	chop（up）	焗	braise
切片	slice	蒸	steam
擦碎	grate	炸	fry
去皮	peel	嫩煎	saute
打（蛋）	break	用文火炖	stew
搅打	beat	焯	blanch
搅拌	stir	烧烤	barbecue
倒	pour	爆炒	stir fry
加入	add	油炸	deep fry

混合	combine…and	微波炉加热	microwave heating
搅和	mix…and	烘烤	bake
放入	put…in	烹调	cook
焖、煨	simmer	煎	pan fry
卤	marinate	熏	smoke
明火烤	grill	用烤箱烤	roast
拔丝	caramelize		

七、烹饪词汇补充

煮几分钟	boil for…minutes	文火炖的	simmered
添加原料	add ingredient	切成末的	minced
炖的	stewed	冰镇的	iced
烧烤的	broiled	煎的	shallow—fried
磨碎的	ground	切好的	carved
红烧的	braised with soy sauce	捣烂的	mashed
切成条	cut into strips	切成丝	cut into shreds

大火烧开转中小火	turn from high fire to low fire
在卤水中泡制两小时	soak in brine for two hours
将热油浇在上面	pour hot oil onto top
小火蒸二十分钟	steam over low heat for twenty minutes
在180℃的油温中炸至金黄色	fry until golden brown at 180 degrees oil temperature